NF

〈数理を愉しむ〉シリーズ

異端の数ゼロ

数学・物理学が恐れるもっとも危険な概念

チャールズ・サイフェ

林　大訳

HAYAKAWA NONFICTION

早川書房

6480

日本語版翻訳権独占
早川書房

©2009 Hayakawa Publishing, Inc.

ZERO

by

Charles Seife
Copyright © 2000 by
Charles Seife
Translated by
Masaru Hayashi
Published 2009 in Japan by
HAYAKAWA PUBLISHING, INC.
This book is published in Japan by
arrangement with
VIKING PENGUIN
a division of PENGUIN PUTNAM INC.
through THE ENGLISH AGENCY (JAPAN) LTD.

目次

異端の数ゼロ

数学・物理学が恐れるもっとも危険な概念

■図版クレジット
図 7, 図 8, 図 15, 図 17: Courtesy of The Library of Congress
図 13: The Nelson-Atkins Museum of Art, Kansas City, Missouri(Purchase: Nelson Trust)
All other drawings by Matt Zimet.

第0章　ゼロと無

ゼロは魚雷のように米国の軍艦ヨークタウンを襲った。

一九九七年九月二一日、ヴァージニア沖を巡航中、一〇億ドルがつぎこまれたミサイル巡洋艦は身震いをして止まった。ヨークタウンは水のなかで立ち往生してしまった。

軍艦は魚雷に当たっても機雷に触れても耐えられるよう設計されている。ヨークタウンには兵器に対する防備は施してあったが、この船をゼロから守ろうとは誰も考えていなかった。それは致命的なミスだった。

ヨークタウンのコンピューターにはエンジンを制御する新しいソフトウェアが組み込まれたばかりだった。不幸にも、コードのなかに潜んでいた時限爆弾に誰も気づかなかった。ゼロというその時限爆弾は、ソフトウェアを組み込むときに技術者たちが取り除くはずだった。ところが、何らかの理由でそのゼロは見落とされ、そのままコードのなかに隠れていた。ソフトウェアがこれをメモリーに呼び出し、そして窒息してしまったのだ。ヨークタウンのコンピューター・システムがゼロで割る計算をしようとすると、八万馬力が一瞬にして役に立たなくなった。三時間近くかかって、エンジンに臨時制御装置が取り付けられてから、ヨークタウンはのろのろと入港した。技術者たちが二日間を費やして、ゼロを取り除き、エンジンを修理して、ヨークタウンの戦闘準備を整えた。

こんな損害をもたらすことのできる数は他にない。ヨークタウンを襲ったようなコンピューターの故障はゼロのもつ力のほんの一端でしかない。さまざまな文化がゼロに対して身構え、さまざまな哲学がゼロの影響のもとで崩れさった。ゼロは他の数と違うからだ。ゼロは、言語に絶するもの、無限なるものを垣間見させてくれる。だからこそ、恐れられ、嫌われてきた――また、禁止されてきたのだ。

本書は、ゼロの物語である。ゼロが古代に生まれ、東洋で成長し、ヨーロッパで受け入れられるために苦闘して、西洋で台頭し、現代物理学にとって常なる脅威となるまでの物語だ。ゼロを理解しようとし、この神秘的な数の意味をめぐって争った人々――学者と神秘主義者、科学者と聖職者――の物語である。西洋世界が、東洋からきたある概念から身を守ろうと（時として暴力的に）試み、失敗した物語だ。そして、一見無害に見える数が突きつけるパラドクスに、二〇世紀最高の知性さえうろたえ、科学的思考の枠組み全体が崩壊しそうになったという歴史である。

ゼロが強力なのは、無限と双子の兄弟だからだ。二つは対等にして正反対、陰と陽である。等しく逆説的で厄介だ。科学と宗教で最大の問題は、無と永遠、空虚と無限なるもの、ゼロと無限大をめぐるものである。ゼロをめぐる衝突は、哲学、科学、数学、宗教の土台を揺るがす争いだった。あらゆる革命の根底にゼロ――そして無限大――が横たわっていた。

ゼロは東洋と西洋との争いの核心にあった。ゼロは宗教と科学の闘いの中心にあった。ゼロは自然の言葉、数学でもっとも重要な道具となった。そして、物理学でもっとも深刻な問題――ブラックホールの暗黒のコアとビッグバンのまばゆい閃光――はゼロを打ち負かす闘いなのだ。

だが、ゼロは、その歴史を通じて、排斥され追放されながらも、それに立ち向かうものを常に打ち負かしてきた。人類は力ずくでゼロを自らの哲学に適合させることはできなかった。それどころか、ゼロは宇宙に対する――そして神に対する――人類の見方を形づくったのだ。

第1章　無理な話――ゼロの起源

その頃は、非存在も存在もなかった。空間の世界もなく、その上の天もなかった。何が変化を起こしたのか。どこでか。

リグ・ヴェーダ

ゼロの物語は古代にはじまる。その源は数学のあけぼのにさかのぼる。最初の文明がおこる何千年も前、人間が読み書きができるようになるずっと前だ。しかし、ゼロは、今日私たちにとって当たり前に思われても、古代の人々にとっては馴染みのない――恐ろしい――概念だった。キリストの生まれる数世紀前に、肥沃な三日月地帯で生まれた東洋の概念、ゼロは根源的な空虚のイメージを呼び起こしただけでなく、危険な数学的属性を備えていた。ゼロのうちには論理の枠組みを打ち砕く力が秘められていた。

数学的思考のはじまりは、ヒツジを数えたいという欲求と、所有物や時間の経過を把握する必要にあった。こうした作業のどれにもゼロは必要ない。文明は、ゼロが発見される何千年も前から文句なくうまく機能していた。それどころか、ゼロを忌まわしいものと考えるあまり、ゼロなしで生きることを選んだ文化もあった。

ゼロのない暮らし

ゼロの重要な点は、日常の営みのなかでは使う必要がないということだ。魚をゼロ匹買いに行く人はいない。ゼロは、ある意味でもっとも文明的な基数であり、私たちは、高尚な思考様式にゼロが必要なためにゼロの使用を強いられているにすぎない。

アルフレッド・ノース・ホワイトヘッド

現代人にはゼロのない暮らしなど想像しがたい。7という数や31という数のない暮らしを想像しにくいのと同じだ。だが、かつて、ゼロがない——そして7や31がない——時代があった。歴史のはじまりより前のことだ。考古学者は石と骨のかけらから数学誕生の物語を組み立てなければならなかった。こうした断片から、研究者たちは、石器時代の数学者が現代の数学者よりいささか荒っぽかったことを発見した。黒板の代わりにオオカミを使ったのだ。

石器時代の数学を知るための重要な手がかりが一九三〇年代の終わりに掘り出された。考古学者のカール・アブソロムはチェコスロヴァキアの泥をふるい分けて、刻み目がついた三万年前のオオカミの骨を見つけた。この骨を用いた原始人（仮にゴッグと呼ぶ）がこの骨を使って数えたのは、殺したシカの数か、描いた絵の数か、この前、体を洗ってから過ぎた日数かは、誰にもわからないが、大昔の人間が何かを数えていたのは確かだ。

オオカミの骨は石器時代のスーパーコンピューターだった。ゴッグの先祖は二まで数えることすらできず、ゼロなど要らなかった。数学が生まれたときには、一つとたくさんを区別することしかできなかった。原始人は槍の穂先を一つもっているか、たくさんもっているかのどちらかだった。つぶしたトカゲを一匹食べたか、たくさん食べたかのどちらかだった。一つとたくさん以外の数を表現するすべはなかった。やがて原始言語が発達して、一つ、二つ、たくさんを区別するようになり、ついには、一つ、二つ、三つ、たくさんを区別するようになったが、それより大きな数を指す言葉はなかった。今なお、このような欠陥を抱えている言語がある。ボリビアのシリオナ・インディオとブラジルのヤノアマ族は、3より大きな数を表す言葉をもっていない。その代わり、「たくさん」という意味の言葉を使う。

数というものの性質のおかげで——数を足し合わせて、新たな数をつくりだすことができる——数体系は3で止まってしまうことはない。しばらくして、賢い人が数詞を並べて、新たな数をつくりはじめた。今日ブラジルのバカイリ族とボロロ族が用いている言語では、まさにこのように数がつくられている。この人々の数詞体系は、「1」、「2」、「2と1」、「2と2」、「2と2と1」というようになっている。2をひとかたまりにして数を数えるのだ。数学者はこれを二進法と呼ぶ。

バカイリ族とボロロ族のように、2をひとかたまりにして数を数える人々は少ない。それにくらべ、先の古いオオカミの骨は、古代の計数法の典型に近いようだ。ゴッグのオオカミの骨には、小さな刻み目が五五本あり、五本ひと組で並んでいた。最初の二五個の印の後に第二の刻み目があった。ゴッグは五つをひと組にして数え、さらにこうした組を、五組をひとまとめにして数えていたかに見える。これは理に適っている。印をひとつひとつ数えるより、いくつかをひと組にして数えるほうがずっと早い。現代の数学者なら、オオカミの骨に刻み目を彫りつけたゴッグは五を底とする計数法、つまり五進法を用いたと言うだろう。

だが、なぜ5なのか。突き詰めれば、恣意《しい》的な選択にすぎない。ゴッグが印を四つひと組にし、4や16をひとまとめにして数えても、また、6や36をひとまとめにして数えても、同じくうまくいったろう。組のつくり方は、骨に刻まれる印の数を左右しない。ゴッグが最終的にそれをどう数えるかに影響するにすぎない。そして、どう数えようが、答えは同じだ。ところが、ゴッグは四つではなく五つをひと組にして数えるやり方を好んだし、世界中の人々がゴッグと好みが同じだった。人間のそれぞれの手に指が五本あるのは自然界の偶然であり、この偶然のために、多くの文化で五が計数法の底として好まれているようだ。たとえば、古代ギリシア人は、数を数える行為を言い表すのに「五つする」という言い方を用いた。

言語学者は南アメリカの二進法にも五進法の萌芽《ほうが》を見て取っている。ボロロ族は「2と1」の代わりに「私の片手全部」とも言う。古代の民族は体のさまざまな部分で数を数えていたようで、5（片手）、10（両手）、20（両手と両足）が好まれたらしい。英語では、eleven と twelve は one over［ten］（一〇を一だけ超えた）、two over［ten］（一〇を二だけ超えた）に由来すると思われるし、thirteen、fourteen、fifteen などは three and ten、four and ten、five and ten が縮まったものだ。このことから、言語学者は、英語の源であるゲルマン祖語では10が基本単位だった、したがって、ゲルマン祖語を話した人々は10を底とする体系を用いたと結論づける。一方、フランス語では、80は quatre-vingts（20の四倍）、90は quatre-vingts-dix（20の四倍と10）だ。このことから考えて、今日のフランスに当たる地域に住んでいた人々は20を底とする体系、つまり二十進法を用いていたのかもしれない。７や31のような数はこれらさまざまな体系すべてにあった。五進法にも十進法にも二十進法にも。しかし、これらの体系のいずれにも、ゼロを指す言葉はなかった。ゼロという概念が存在しなかったのだ。

ゼロ匹のヒツジやゼロ人の子供がそろっているかを確かめる必要はない。食料品店の主人は、「バナナはゼロ本あります」とは言わず、「バナナはありません」と言う。何かがないということを表現するのに数は要らないから、事物が存在しないという状況に記号を割り当てることなど誰も思いつかなかった。だから、人間は長い間ゼロなしですませていたのだ。ゼロなど要らなかった。ゼロは思い浮かばなかった。

そもそも、数について知っているというのは、先史時代には大した能力だった。数を数えられること自体が、呪いをかけたり、神々を呼んだりすることにおとらず神秘的で特別な才能と考えられた。エジプトの『死者の書』によれば、死者の魂を冥土《めいど》に運ぶ渡し守《もり》であるアアケンが、死者の魂が「自分の指の数を知らない」と、船に乗せるのを拒む。そうなると、魂は数え歌を唱えて、自分の指の数を数え、渡し守を満足させなければならない（一方、ギリシアの渡し守は金を求めた。死者の舌の下にしまいこまれていたものだ）。

数を数える能力は古代世界では珍しかったが、数と計数の基本は常に読み書きより先に発達した。古代文明がアシを粘土板に押しつけ、石を彫り、羊皮紙やパピルスにインクを塗りたくるようになったときすでに、数体系はしっかり確立されていた。話されていた数体系を書かれた形に写し換えるのは、単純な作業だった。あとは筆記者が、数を永続する形で書き記すための符号化の方法を考えだすだけでよかった（書くことを考えだす前に、その方法を見つけた社会さえあった。たとえば、無文字社会だったインカの人々は、〟キープ"という、結び目のある色のついたひもを使って、計算結果を記録した)。
最初の筆記者たちは、計数法に合った仕方で数を書き表した。そして、予想がつくとおり、思いつくもっとも簡潔な形で書き表した。社会はゴッグの時代以来進歩していた。筆記者たちは、少数の印のグループを繰り返しつくるのではなく、それぞれのグループの種類を表す記号を考えだした。五進法では、1を表すのに何らかの印を、また5のグループを表すのに別の印を、さらに25のグループを表すのにまた別の印をという具合に、いろいろな印をつくればよかった。

エジプト人はまさにそれをおこなった。五〇〇〇年以上前、ピラミッドの時代以前に、古代エジプト人は十進法を表記する方式を考案した。その方式では絵が数を表した。縦線一本が1、かかとの骨一つが10、渦巻き形のわな一つが100を表すなど。この方式で数を書き記すには、こうした記号のグループを記録するだけでよかった。123という数を表示するのに、123個の印を書き記す必要はなく、記号を六つ書くだけだった。わな一つ、かかと二つ、縦線三本だ。これが古代に数学をおこなった典型的なやり方だった。たいていの文明と同じく、エジプトにもゼロはなかった。必要とされなかったのだ。

だが、古代エジプト人はかなり高度な数学に取り組んでいた。天文学と時間の計測に優れていた。つまり、暦《こよみ》の不安定な性格のおかげで、高度な数学を用いなければならなかったということだ。

安定した暦をつくるのは、たいていの古代民族にとって難題だった。というのも、古代民族は一般に太陰暦から出発したからだ。ひと月の長さは、満月と満月の間の日数だった。それは自然な選択だった。空に見える月の満ち欠けは見逃されることもなく、その周期は日数の単位として便利だった。しかし、太陰月、月の満ち欠けの周期は二九日か三〇日だった。どうやっても、太陰月一二カ月を合わせると、三五四日ほどにしかならない。一三カ月ではおよそ一九日長すぎてしまう。種まきと収穫の時期を決めるのは、太陰年ではなく太陽年だから、修正しないまま太陰年を使うと季節がずれていくように見えてしまう。

太陰暦を修正するのは厄介な仕事だった。今日でもイスラエルやサウジアラビアのように太陰暦を使っている国がいくつかあるが、エジプト人は六〇〇〇年前にもっといい方式を考えついた。これは、時間の経過を記録する仕方として太陰暦よりずっと簡単であり、何年にもわたって四季とずれずにいる暦をつくることができる。エジプト人は、時間の経過を記録するのに月ではなく太陽を用いたのだ。今日ではたいていの国でおこなわれていることである。

エジプトの暦は太陰暦と同じく一年が一二カ月だったが、ひと月は三〇日だった（エジプト人は10を計数の底とする人々だったので、一週間は一〇日だった）。年末に余分に五日があり、一年の日数は三六五日となった。これこそ私たちの暦の先祖だ。エジプトの暦法はギリシアで、またその後ローマでも採用され、閏年《うるうどし》を加えられて、西洋世界の標準的な暦となった。しかし、エジプト人、ギリシア人、ローマ人にはゼロがなかったので、西洋の暦にはゼロがない。この手落ちが、数千年後に問題を引き起こすことになる。

エジプト人による太陽暦の発明は飛躍的前進だったが、エジプト人は歴史にさらに重要な足跡を残している。幾何学の発明だ。ゼロがなくともエジプト人は、たちまち数学の達人になった。怒れる大河のおかげで、ならざるをえなかった。ナイルは毎年、堤からあふれ、デルタを水浸しにした。幸いだったのは、洪水によって一帯の畑に豊かな沖積土が堆積し、ナイルデルタが古代世界でもっとも肥沃な農業地帯となったことだ。一方、困ったことに、境界の目印が数多く壊され、農民たちに、どこが自分の耕すべき土地かを知らせる標識が消え去ってしまった（エジプト人は所有権を重んじていた。『死者の書』によれば、死んだばかりの人は、隣人から土地をだまし取ったことはないと神に誓わなければならない。そのような罪を犯せば、「むさぼり食うもの」と呼ばれる恐ろしいけだものに心臓を食われるという罰を受けてしかるべきだとされた。エジプトでは、隣人から土地をだまし取るのは、誓いを破ること、人を殺すこと、神殿でマスターベーションをすることにおとらず重大な罪と考えられていた）。

古代のファラオは測量技師に命じて、損害を評価させ、境界の標識を置きなおさせた。こうして幾何学が生まれた。測量技師たちは、〝縄張り師〟と呼ばれた（直角を示すために考案された結び目のある縄を測量手段として用いたことからそう呼ばれた）が、やがて、ある土地をいくつかの四辺形と三角形に分割することによってその面積を測定することを覚えた。また、エジプト人は物体――たとえば、ピラミッド――の体積を測定するすべも身につけた。エジプトの数学は地中海世界中に知れ渡っていた。ギリシアの数学者たち、タレスやピュタゴラスのような幾何学の達人はエジプトで学んだらしい。だが、エジプト人が幾何学上目ざましい仕事をしたにもかかわらず、エジプトにゼロは見当たらない。

これは、ある程度まで、エジプト人に実用を重んじる傾向があったためだ。古代エジプト人は、体積を測定したり、日数や時間を数えたりする以上の段階にはついに進まなかった。占星術を除けば、数学が非実用的なことに使われることはなかった。その結果、エジプトでは、どんなに優れた数学者も、現実世界の問題と関係のないことに幾何学の原理を用いることはできなかった。自分たちの数学体系を抽象的な論理体系に変えなかったのだ。また、エジプト人は哲学に数学を持ち込もうとしなかった。ギリシア人は違っていた。抽象的なものと哲学的なものを受け入れ、数学を古代での絶頂に導いた。だが、ゼロを発見したのはギリシア人ではなかった。ゼロは西洋ではなく、東洋から現れた。

ゼロの誕生

文化史上、ゼロの発見はいつまでも人類の最大の成果の一つとして輝きつづけるだろう。

トビアス・ダンツィク『数は科学の言葉』

ギリシア人は数学をエジプト人よりよく理解していた。ギリシアの数学者は、エジプトの幾何学を習得すると、たちまち師を追い越してしまった。

ギリシアの数体系は、はじめはエジプト人のそれによく似ていた。また、ギリシア人は、10を底とする計数法を用いており、二つの文化の間で、数の書き表し方にほとんど違いはなかった。エジプト人は数を表示するのに絵を使ったが、ギリシア人は文字を使った。H(エータ)は hekaton つまり100、M(ミュー)は myriori、つまり1000を表した。これがギリシアの体系でもっとも大きなまとまりだ。5を表す記号もあり、五進法と十進法が混ざった体系だったと推測されるが、ギリシアとエジプトの記数法はほとんど同じだった――しばらくは。だがエジプト人と違い、ギリシア人はこの原始的な記数法を卒業して、もっと高度な体系を考案した。

エジプト式の記数法では線を二本引いて2を表示し、H三つで300を表示することになるが、紀元前五〇〇年以前にギリシアに現れた新たな記数法では、2、3、300その他多くの数を別々の文字で表した(図1)。こうしてギリシア人は文字の繰り返しを避けた。たとえば、87をエジプト方式で書き表すには、記号が一五個必要である。かかと八つと縦棒七

図１　さまざまな文化の数字

現代	1	2	3	4	10	20	30	100	200	123
エジプト	|	||	|||	||||	∩	∩∩	∩∩∩	𓍢	𓍢𓍢	𓍢∩∩|||
ギリシア（旧式）	I	II	III	IIII	Δ	ΔΔ	ΔΔΔ	H	HH	HΔΔIII
ギリシア（新式）	α	β	γ	δ	ι	κ	λ	ρ	σ	ρκγ
ローマ	I	II	III	IV	X	XX	XXX	C	CC	CXXIII
ヘブライ	א	ב	ג	ד	י	כ	ל	ק	ר	קכג
マヤ	·	··	···	····	═	·𝋠	·═	—𝋠	═𝋠	—·∴

本だ。新たなギリシア記数法は記号を二つしか必要としない。80を表すπと、7を表すϛだ（ギリシア数字に取って代わったローマの体系は、ギリシアの体系ほど高度でないエジプトの体系へ、一歩後退したものだった。ローマ式の87、つまりLXXXVIIは、同じ記号が何度か繰り返され、記号が七つ必要だ）。

ギリシアの数体系はエジプトの体系より高度だったが、古代世界でもっとも進んだ記数法ではなかった。そのタイトルの保持者は、やはり東洋で発明された別の体系、バビロニアの記数法だった。そして、この体系のおかげで、ゼロはついに東洋に、今日のイラクの肥沃な三日月地帯に姿を現したのだ。

一見したところ、バビロニアの体系はひねくれている。まず、六十進法である。たいていの人間社会が5、10、20を底（ひとまとまりをなす数）として選んだことを考えると、とりわけこの選択は奇妙に見える。また、バビロニアは数を表示するのに印を二つしか使わなかった。1を表示するくさびと、10を表示する二重くさびだ。59にいたるまで、これらの印をかたまりに分けて並べることによって、数を表した。この二種類の印が、記数法の基本記号だった。ギリシアの体系が文字、エジプトの体系が絵に基づいていたのと同じことである。バビロニアの体系の本当に奇妙な点は、エジプトやギリシアの体系のように一つ一つの数を異なる記号で表すのではなく、一つ一つの記号で多くの数を表示したということだ。たとえば、くさび一つは1、60、3600そのほか無数の数を表しえた。

この方式は、現代人の目には奇妙に映るが、古代人にとっては文句なしで理に適っていた。多くの文化がそうだったが、バビロニア人は、数を数えるための道具を発明していた。もっとも有名なのは計算盤だった。英語ではアバカス、日本ではソロバン、中国ではスアンパン（算盤）、ロシアではショートゥイ、トルコではコウルバ、アルメニアではチョレブ、そのほかさまざまな文化でさまざまな名で呼ばれている計算盤は、小石のような珠を滑らせて、数量を記録するものだ（「計算する」という意味の英語 calculate、「計算法、微積分」という意味の英語 calculus も、カルシウム（calcium）も、小石を意味するラテン語 calculus からきている）。

計算盤で数を足し合わせるのにかかる手間は、石を動かすことだけだった。異なる列の石は値が異なり、熟達した人なら、石を操って、大きな数をたちどころに足し合わせてしまえる。計算が完了すると、あとは石の最終的な位置を見て、数を読み取るだけでいい。

ごく簡単な作業だ。

　バビロニアの数体系は、計算盤を記号によって粘土板に彫りつけたようなものだった。記号のかたまりはそれぞれ、計算盤上で動かされた石の数を表示しており、計算盤の列と同じく、記号のかたまりもそれぞれ、位置によって異なる値を表す。この点でバビロニアの方式は、今日私たちが用いている方式とそう違わなかった。111という数のそれぞれの１は異なる値を表す。右から、それぞれ１、10、100を表す。同様に𒁹𒁹𒁹の記号𒁹は右から１、60、３６００を表した。計算盤そっくりだ。ただし、問題が一つあった。バビロニア人は60という数をどう書いたのだろうか。１を書き記すのは簡単だった。𒁹だ。困ったことに、60も𒁹と書き表された。違いは、𒁹が一桁めではなく二桁めにあるということだけだった。計算盤なら、どの数が表示されているのかを見分けるのはたやすい。一桁めの一個の石は二桁めの一個の石と容易に区別できる。同じことは書いた記号には当てはまらなかった。バビロニア人には、書かれた記号がどの列にあるのかを表示するすべがなかった。𒁹は１も60も３６００も表示しえた。数どうしが組み合わさると、ますますややこしくなった。記号𒁹𒁹は61も３６０１も３６６０も、さらに大きな値も意味しえた。

　ゼロこそが問題の解決策だった。紀元前三〇〇年頃、バビロニア人は二本の傾いたくさび𒑊を用いて、何もないスペース、つまり計算盤の空っぽの列を表現するようになった。この目印のおかげで、記号が何の位の数を表しているのかが見分けやすくなった。ゼロが

図2　バビロニア数字

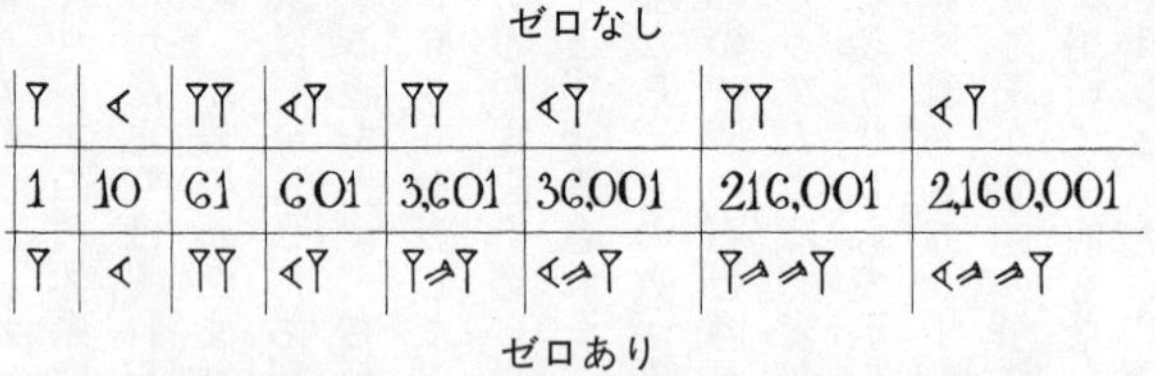

登場する以前、𒁹𒁹は61とも3601とも解釈できた。しかし、ゼロを使うと、𒁹𒁹は61を意味し、3601は𒁹⊿𒁹と書かれた（図2）。ゼロは、バビロニア数字の列一つ一つに一義的な不変の意味を与える必要があったことから生まれた。

ゼロは有用だったが、空位を示す目印にすぎなかった。計算盤の空位、石がすべていちばん下に下りている桁を表す記号でしかなかった。数字をそれぞれしかるべき位置に落ちつかせる以上の役目はほとんどなかった。それ自身の数値があったわけではない。000002148は、2148とまったく同じことだ。数字の列のなかのゼロはその左にある何かほかの数字によって意味を与えられる。それ自体では……何も意味しない。ゼロは位取り記数法のための記号ではあるが、数ではなかった。ゼロには数値がなかった。

数の値は、それが数直線上に占める位置――ほかの数とくらべてどの位置にあるかということ――によって決まる。たとえば、2という数は3という数に先立ち、1という数のあとにつづく。ほかのどんな位置も意味をなさない。ところが、

0という記号には、はじめ数直線上の位置がなかった。0はただの記号だった。数の階層のなかに位置を占めていなかった。今日でも私たちは、ゼロにそれ自身の値があるのを知ってはいても、時としてゼロを数ならざるものとして扱い、0という記号をゼロという数と関連づけずに空所を表すものとして用いることがある。電話やコンピューターのキーボードを見ればいい。0は本来あるべき1の前ではなく9のあとにきている。空位を示すものとしての0は数直線上のどこにあってもいいのだ。しかし、今日では、ゼロは、それ自身の明確な値があるので、数直線上のどこにあってもいいわけではないとだれでも知っている。ゼロは、正の数と負の数を隔てる数である。偶数であり、1に先立つ整数だ。ゼロは数直線上のしかるべき位置、1と−1の間におさまらなければならない。ほかのどんな位置も意味をなさない。それでも、ゼロはコンピューターでは終わりにくるし、電話でもいちばん下にくる。私たちはいつも1から数えはじめるからだ。

1こそが、数を数えはじめるのにふさわしい場所のように見えるが、そうすると、ゼロを不自然な位置に置かざるをえなくなる。メキシコ・中央アメリカのマヤ人のように、1からはじめるのは合理的でないと考える文化もあった。マヤ人は私たちのものより理に適った数体系——および暦——をもっていた。バビロニア人と同じく、数字と位を備えた位取りの体系をもっていた。実質的な違いは、バビロニア人が60を底としたのに対して、マヤ人は、20を底とする二十進法に、それ以前の十進法の名残が混じったものを用いていたということだけだった。そして、バビロニア人と同じく、それぞれの数字が何を意味するのかをはっきりさせるためにゼロを必要とした。面白いことに、マヤ人には二種類の数字があった。簡単なほうは点と線からなるもので、複雑なほうは絵文字――グロテスクな顔の絵――だった。現代人の目には、マヤの絵文字はまるでエイリアンの顔のように見える（図3）。

エジプト人と同じく、マヤ人にも優れた太陽暦があった。マヤ人の計数法は20を底としていたため、マヤ人は当然ながら一年を、それぞれ二〇日からなる一八カ月に分けた。これで三六〇日となるが、ウアイェブと呼ばれる特別な五日間が年末に加えられ、一年は三六五日となった。だが、エジプト人と違い、計数体系にゼロがあったマヤ人は、そこから当然思いつくことをした。日付をゼロから数えはじめたのだ。たとえば、ジップの月の一日目は普通、ジップの「就任」あるいは「着席」と呼ばれた。次の日はジップの一日、その次はジップの二日という具合にジップの一九日まで数える。その次の日はゾッツの着席――ゾッツの〇日で、そのまた次はゾッツの一日という具合だ。それぞれの月の二〇の日には、今日私たちが1から20までの数を割り振るのと違い、0から19までの数が割り振られた（マヤの暦は驚くほど込み入っていた。この太陽暦のほかに、儀式用の暦があり、そこでは、それぞれ一三日からなる二〇週があった。これと太陽暦を組み合わせて、五二年周期で一日一日に名前がある暦が生まれた）。

図３　マヤ数字

マヤの体系は、西洋の体系より理に適っていた。西洋の暦はゼロがなかった時代に考えだされたものだから、ゼロ日やゼロ年がない。そのことは重大なことではないように見えるが、そのせいでたいへん困ったことが起こった。ミレニアム（千年紀）のはじまりをめぐる論争に火が点《つ》いたのだ。マヤ人なら、二一世紀の最初の年は二〇〇〇年か二〇〇一年かで論争することはなかった。ところが、私たちの暦を形づくったのは、マヤ人ではなかった。エジプト人、そしてローマ人だった。おかげで、私たちはゼロのない厄介な暦を使う羽目になっているのだ。

エジプト文明にゼロがなかったことは、暦にとってだけでなく、西洋数学の将来にとっても不幸だった。エジプト文明は、数学を発展させるのに、いくつもの点で適していなかった。将来問題を生じさせたのは、ゼロの欠如だけではなかった。エジプト人の分数の扱い方は極端に面倒なものだった。エジプト人は3／4を4に対する3の比とは考えなかった。1／2と1／4の和と見なしたのだ。2／3を唯一の例外として、分数はすべて、1／n（nは整数）の形をした数の和として書き表された。いわゆる単位分数だ。エジプト（およびギリシア）の体系では単位分数を長々と並べたので、比が非常に扱いにくかった。

ゼロがあれば、この面倒な体系はお払い箱になってしまう。バビロニアの体系にはゼロがあるので、分数を書き表すのが簡単だ。私たちが1／2を0.5、3／4を0.75と書くように、バビロニア人は1／2を0;30、3／4を0;45と書き表した（バビロニア人の六十進法は、私たちが今日用いる十進法より、分数を書き表すのに適していた)。

バビロニアの体系のほうが使いやすかったにもかかわらず、残念ながら、ギリシア人とローマ人はゼロを嫌うあまり、記数法をバビロニア式に切り換えず、エジプト式の記数法にしがみついた。天体運行表の作成に必要とされるような複雑な計算をするには、ギリシアの体系はあまりにも面倒だったので、数学者は単位分数をバビロニアの六十進法に変換して計算をおこなったうえで、答えをギリシア式に変換した。こうして、時間を食う手続きをかなり省くことができた(分数の変換がいかに楽しいか、誰でも知っているとおりだ!)。しかし、ギリシア人は、ゼロがどんなに便利かを知っていたにもかかわらず、ゼロを嫌悪するあまり、数の表記にゼロを用いるのを拒んだ。その理由とは、ゼロは危険だということだった。

無の恐ろしい性質

はじめユミルが暮らしていた。
海もなければ陸もなく、波もなかった。
地もなければ天もなかった。
ぽっかりと口を開けた無があるだけで、緑などどこにもなかった。

古エッダ

ある数を恐れるというのは想像しにくい。だが、ゼロは空虚——無——と分かちがたく結びついていた。空虚と混沌に対しては原初的な恐れがあった。ゼロに対しても恐れがあった。

古代民族の多くは、宇宙が生まれる前は空虚と混沌だけがあったと信じていた。ギリシア人はこう主張した。はじめは闇があり、それが万物の母であり、そこから混沌が生まれた。そして、闇と混沌が、その他の創造物を生み出したと。ヘブライの創造神話によれば、はじめ地は混沌とし空虚だったが、そこに神が光を浴びせ、さまざまな地形を形づくった（ヘブライ語はtohu v'bohu。ロバート・グレイヴズは、tohuをTehomotに結びつける。これは、セム族の神話に出てくる太古の竜で、宇宙が生まれたときに存在していて、その体は天と地になった。bohuは、Behomot、つまりヘブライ人の伝説に出てくる名高い巨獣、河馬《ビヒモス》と結びついていた）。さらに古いヒンドゥーの伝承によれば、創造主が混沌というバターをかき回して、地をつくったのであり、北欧神話によれば、空虚が氷でおおわれ、火と氷が混ざり合って生じた混沌から原初の巨人が生まれた。空虚と無秩序が、太古の宇宙の自然な状態だった。だから、最後には無秩序と空虚が再びこの世界を支配するのではないかという恐れが絶えずあった。ゼロは、その空虚を意味していた。しかし、ゼロへの恐れは空虚への不安より根深かった。古代人にとって、ゼロの数学的属性は不可解で、宇宙の誕生におとらず謎に包まれていた。それは、ゼロが他の数と違っていたからだ。バビロニアの体系に含まれる他の数と違って、ゼロは単独で現れることが許されなかった。それも当然だ。単独のゼロはいつも困った振る舞いを示す。少なくとも、他の数と同じような振る舞い方はしない。

ある数にその数自体を足すと、違う数に変わる。1足す1は1ではない。2だ。2足す2は4である。だが、ゼロ足すゼロはゼロだ。これは、アルキメデスの公理と呼ばれる、数の基本原理に反している。この公理によれば、ある数にそれ自体を、ある回数だけ足せば、その大きさは他のどんな数も超える（アルキメデスの公理は面積の問題として述べられた。数は、等しくない二つの面積の差と見なされた）。ゼロは大きくなることを拒む。また、他のどんな数を大きくすることも拒む。2にゼロを足せば、2だ。足し算などしなかったかのようである。引き算でも同じことが起こる。2からゼロを引けば、2だ。ゼロには実体がない。だが、この実体のない数は、掛け算や割り算のような、数学でもっとも単純な操作を崩壊させかねない。

数の世界で掛け算は一種の引き伸ばしだ。数直線が、印のついたゴムバンドだと想像するといい（図4）。2を掛けることは、ゴムバンドを二倍に引き伸ばすことと考えられる。

図4　掛け算ゴムバンド

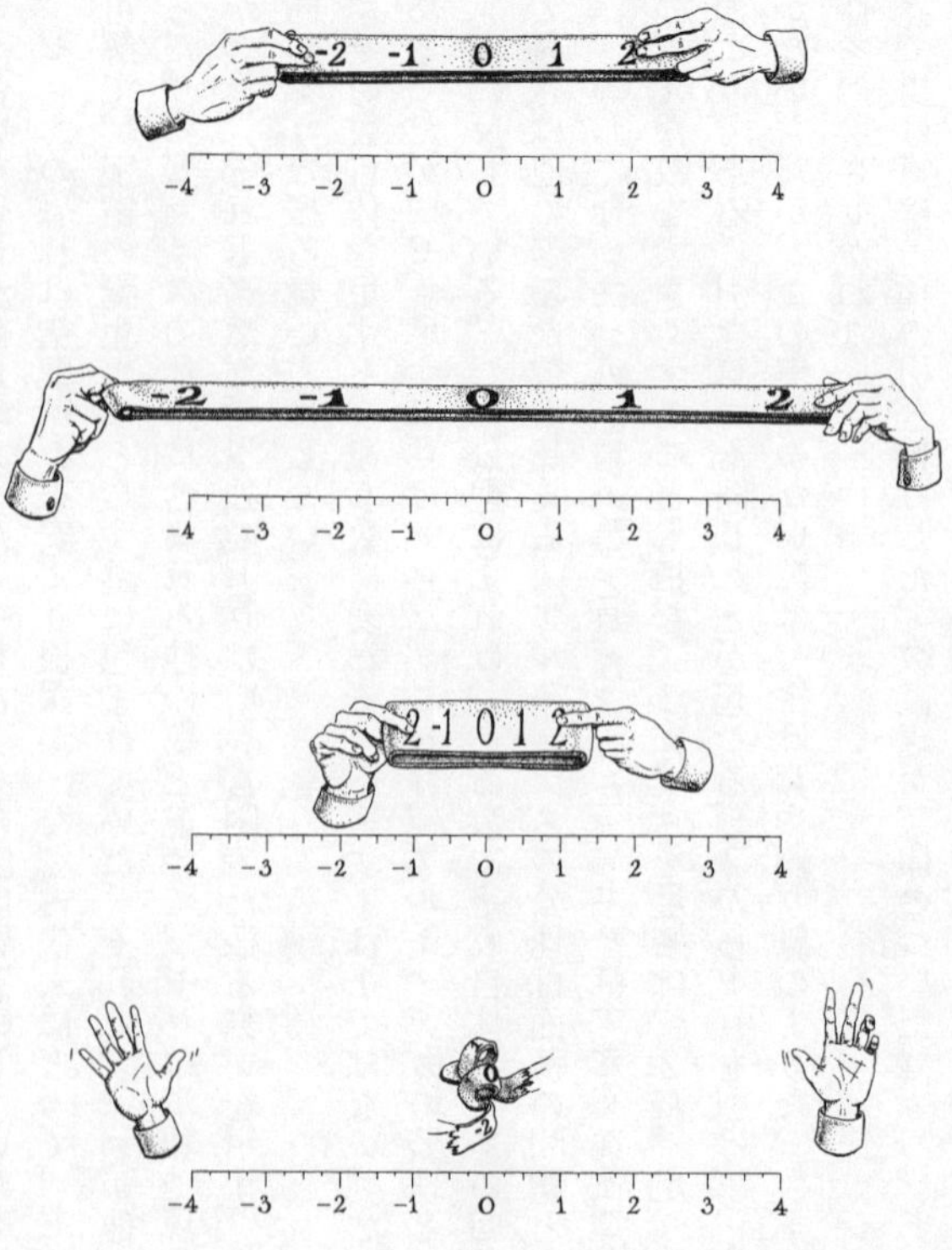
-2 -1 0 1 2
-4 -3 -2 -1 0 1 2 3 4
-2 -1 0 1 2
-4 -3 -2 -1 0 1 2 3 4
2 -1 0 1 2
-4 -3 -2 -1 0 1 2 3 4
-4 -3 -2 -1 0 1 2 3 4

1のところにあった印は、2のところにくる。3のところにあった印は、6のところにくる。同じように、二分の一を掛けることは、ゴムバンドを少し緩めるのに似ている。2のところにあった印は、1のところにくるし、3のところにあった印は、1.5のところにくる。だが、ゼロを掛けると、どうなるだろう。

何にゼロを掛けてもゼロだから、印はすべてゼロのところにくる。ゴムバンドは破れてしまう。数直線は崩壊する。

残念ながら、この不快な事実を避けるすべはない。ゼロに何を掛けても必ずゼロである。それは私たちの数体系の属性だ。普通の数が意味をなすには、分配法則と呼ばれるものが成り立たなければならない。例を用いるのがいちばんわかりやすい。こう想像してみよう。あるおもちゃ屋が、ボールを二つひと組で、積み木を三つひと組で売る。となりのおもちゃ屋が、ボール二つと積み木三つをパッケージにして売る。一軒めのおもちゃ屋のボールひと袋と積み木ひと袋は、となりのおもちゃ屋のボールと積み木の組み合わせパッケージと中身が同じだ。当然、一軒めのおもちゃ屋でボール七袋と積み木七袋を買うのと、となりのおもちゃ屋でボールと積み木の組み合わせパッケージを七つ買うのは、同じことであるはずだ。これが分配法則である。数学的に言えば、これは7×2＋7×3＝7×(2＋3)ということだ。何もおかしいところはない。

ところが、この法則をゼロに当てはめると、おかしなことが起こる。0＋0＝0だから、ある数にゼロを掛けるのは、(0＋0) を掛けるのと同じことである。たとえば、2を例にとると、$2\times0=2\times(0+0)$ だが、分配法則により、$2\times(0+0)$ は $2\times0+2\times0$ と同じことである。だが、これは $2\times0=2\times0+2\times0$ ということだ。2×0 が何であるにしろ、これにこれ自体を足しても、同じままである。これはゼロによく似ているように思われる。いや、まさにそのとおりである。両辺から 2×0 を取り去れば、$0=2\times0$ となる。したがって、どうしようが、ある数にゼロを掛ければ、ゼロになる。この厄介な数は数直線を一点に押しつぶしてしまう。しかし、この性質も厄介だが、ゼロの本当の威力は、掛け算ではなく割り算であらわになる。

掛け算が数直線を引き伸ばすことであるように、割り算は数直線を縮めることである。2を掛ければ、数直線を二倍に引き伸ばすことになる。2で割れば、ゴムバンドを緩め、二分の一に縮めて、掛け算を打ち消すことになる。ある数を掛けるという計算をしてから、その答えを同じ数で割れば、掛け算は打ち消される。新たな位置に移っていた印が、もとの位置に戻るのだ。

ある数にゼロを掛けるとどうなるかはすでに見た。数直線が崩壊するのだ。ゼロで割ることは、ゼロを掛けることの反対であるはずだ。崩壊した数直線をもとに戻すはずである。だが、あいにく、そうはならない。

先の例で、2×0 が0であるのを見た。したがって、掛け算が打ち消されるとすれば、

(2×0)／0で2になると考えなければならない。同じように、(3×0)／0は3、(4×0)／0は4になるはずだ。ところが、すでに見たように、2×0も3×0も4×0もゼロに等しい。だから、(2×0)／0は0／0に等しいし、(3×0)／0も(4×0)／0も同様だ。これでは、0／0が2に等しいと同時に3にも等しいし、4にも等しいことになる。これではまったく筋が通らない。

1／0に対して違った見方をしても同じことが起こる。ゼロを掛けるという計算は、ゼロで割るという計算を打ち消すはずであり、1／0×0は1に等しいはずだ。ところが、すでに見たとおり、何にゼロを掛けてもゼロに等しい！　ゼロを掛けると1になるような数などない。少なくとも、私たちが出会ったことのある数のなかには。

何より悪いことに、気まぐれにゼロで割ると、論理と数学の基礎が崩壊してしまう。一度――たった一度――ゼロで割るだけで、数学的に宇宙であらゆることが証明できてしまう。1＋1＝42であることを証明できるし、そこから、J・エドガー・フーヴァーがエイリアンだったことも、ウィリアム・シェイクスピアがもともとウズベキスタンの人だったことも、空が水玉模様であることさえ、証明できる（付録Aに、ウィンストン・チャーチルがニンジンだったことの証明が掲げてある）。ゼロを掛けると、数直線が崩壊する。だが、ゼロで割ると、数学の枠組み全体が崩壊してしまうのだ。

この単純な数は大きな力を秘めている。この数は、数学でもっとも重要な道具となる運命にあった。ゼロは、奇妙な数学的・哲学的性質のおかげで、西洋の根本哲学と衝突することになる。

第2章　無からは何も生まれない——西洋はゼロを拒絶する

無からは何も創造できない。

ルクレティウス『物の本質について』

ゼロは西洋哲学の中心的教義の一つと衝突した。その教義の源はピュタゴラスの数哲学にあり、その重要性はゼノンのパラドクスからきている。ギリシア人の宇宙全体が、一本の支柱に支えられていた。空虚などないという考えに。

ピュタゴラス、アリストテレス、プトレマイオスが創造したギリシア人の宇宙は、ギリシア文明が崩壊した後も長く生き延びた。その宇宙には無などというものはない。ゼロなどない。そのため、西洋は二〇〇〇年近くゼロを受け入れられなかった。その帰結は悲惨だった。ゼロがなかったために、数学の発展と科学の革新は滞るし、ついでに暦も目茶苦茶になってしまう。ゼロを受け入れるために、西洋の哲学者はまず自分たちの宇宙を破壊しなければならなかった。

ギリシア数哲学の起源

はじめに比があった。比は神とともにあった。比は神だった。*

ヨハネによる福音書第一章第一節

*ここで比と訳されているλογος（ロゴス）というギリシア語には、〝言葉〟という意味もあるが、比（ratio）という意味もある。むしろ、この訳のほうが伝統的な訳より合理的（rational）である。

幾何学を発明したエジプト人は数学についてはあまり考えなかった。エジプト人にとって数学は日々の経過を数え、土地を維持するための道具だった。ギリシア人は態度が大きく違っていた。数と哲学は切り離せないものと考え、どちらをも真剣に受けとめた。数のこととなると、ギリシア人は、比喩的にも、文字どおりにも、go overboard した——つまり、夢中になったし、実際に船から水中に飛び込んだのである。

メタポントゥムのヒッパソスは船の甲板に立って、死のうとしていた。まわりには、ある秘密教団のメンバーたちが立っていた。ヒッパソスは教団を裏切ったのだ。ギリシア人の考え方にとって致命的な秘密を暴露してしまったのである。その秘密は、教団が築き上げようと奮闘していた哲学全体を掘り崩す恐れがあった。秘密を暴露したかどで、ピュタゴラスその人がヒッパソスに溺死を宣告した。自分たちの数哲学を守るためなら、教団は人殺しさえしたのだ。ヒッパソスが暴露した秘密は致命的だった。だが、ゼロの危険性とくらべれば大したことはなかった。

教団の指導者は、古代の急進主義者ピュタゴラスだった。伝えられている話ではたいてい、紀元前六世紀にサモスで生まれたとされている。ギリシア神話のゼウスの妻であるヘーラーをまつった神殿と実に上等なワインで有名な、トルコの沖合にある、ギリシアの島だ。迷信深い古代ギリシアの基準で言っても、ピュタゴラスの信念は常軌を逸していた。ピュタゴラスは、自分はトロイアの英雄エウポルボスの魂の生まれ変わりだと固く信じていた。そして、この信念も手伝って、あらゆる魂は――動物の魂も含め――死後、他の体に乗り移ると信じていた。だから、ピュタゴラスは厳格な菜食主義者だった。ただし、豆は、食べるとお腹が張るし、形が生殖器に似ているため、御法度だった。

ピュタゴラスは古代のニューエイジ思想家だったかもしれないが、雄弁家であり、高名な学者にしてカリスマ的な教師でもあった。イタリアに住むギリシア人たちのために憲法を書いたと言われていた。学生たちがそのもとに集まり、師から学ぼうと望む追随者の一団が生まれた。

ピュタゴラス学派は指導者の見解にしたがって暮らした。たとえば、女性と交わるのは冬がよく、夏はよくないと信じていたし、あらゆる病気は消化不良から起こる、生ものを食べ、水だけを飲むべきだ、毛糸のものを着るのは避けなければならないと信じていた。しかし、ピュタゴラス学派の哲学の中心にあったもっとも重要な教義は、すべては数であるということだった。

ギリシア人は、幾何学志向だったエジプト人から数を受け継いだ。その結果、ギリシアの数学では形と数の間にこれといった区別がなかった。ギリシアの哲学者・数学者にとって形と数はほとんど同じものだった（今日でもギリシア人の影響で平方数や三角数がある〔図5〕）。当時、数学の定理を証明するには、簡潔な図を書くだけで済むことが少なくなかった。古代ギリシアの数学の道具は紙と鉛筆ではなかった。直定規とコンパスだった。ピュタゴラスにとって形と数の関連は深く神秘的だった。数＝形の一つ一つに隠れた意味があり、もっとも美しい数＝形は神聖だった。

ピュタゴラス教団の神秘的なシンボルは、ある数＝形、すなわち五芒星形《ごぼうせい》（ペンタグラム）、突端が五つある星だった。この単純な図形には無限が垣間見られる。星を形づくる線のなかには五角形がおさまっている。五角形の角を線で結ぶと、逆立ちした小さな五芒星形ができる。もとの星の完全な相似形だ。この星にはさらに小さな五角形がおさまっており、そこにはさらに小さな星がおさまっており、そこにはさらに小さな五角形がおさまっている（図6）。このことも興味深いが、ピュタゴラス学派にとって五芒星形のもっと

図5　平方数と三角数

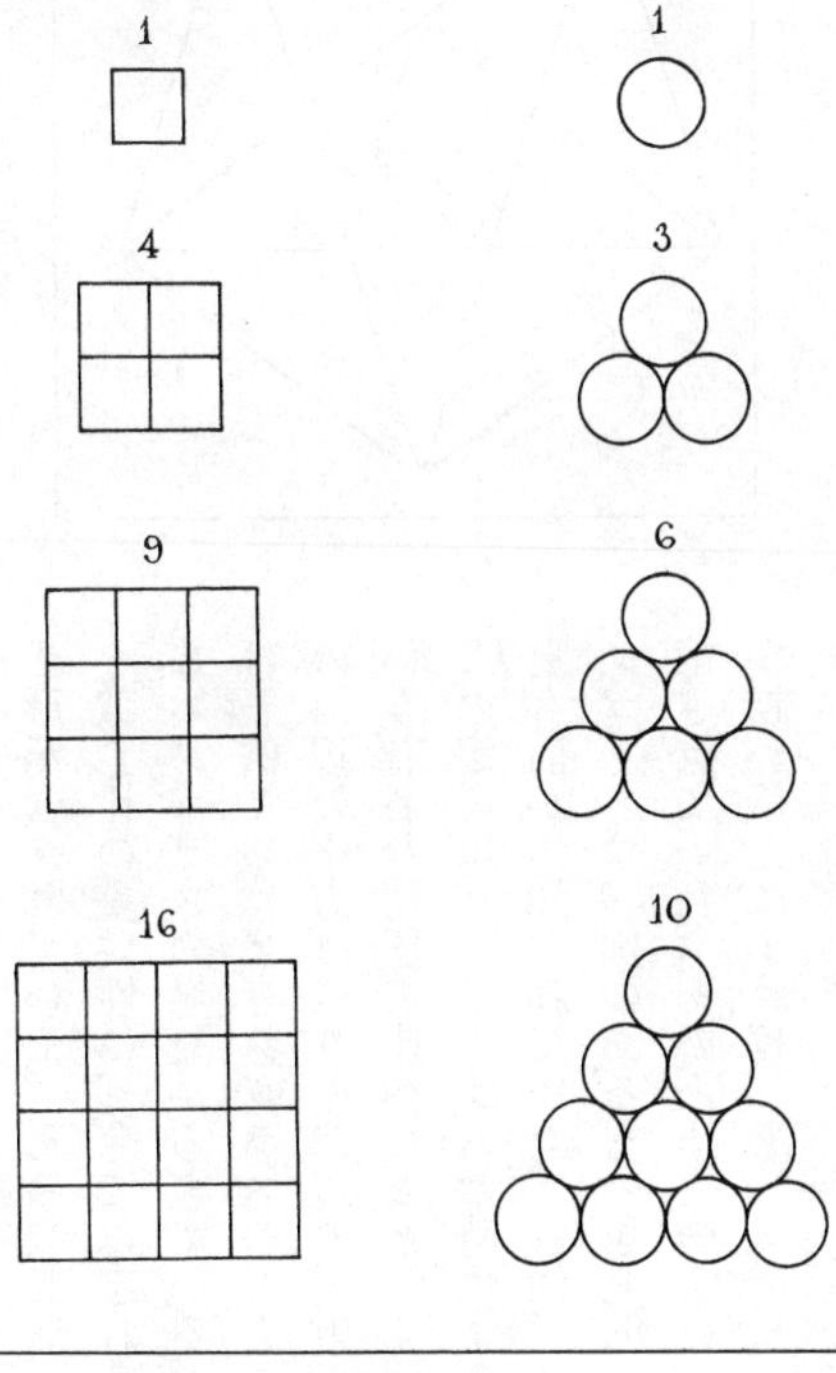

図6　五芒星形

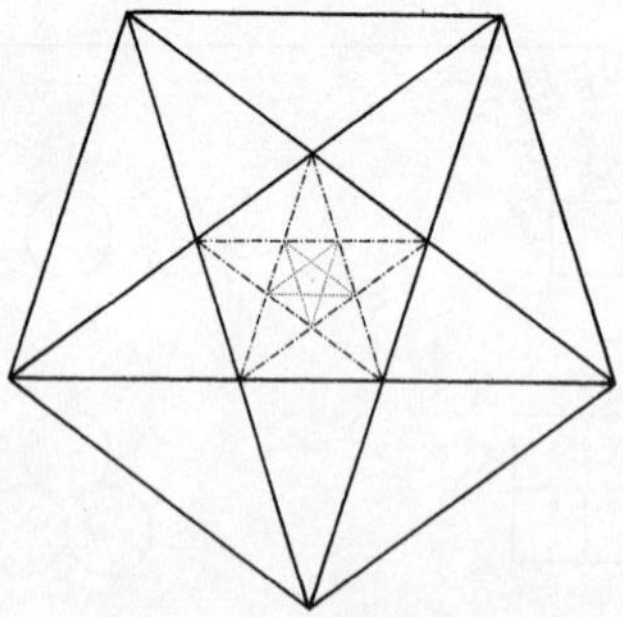

も重要な性質は、図形の自己複製にあったのではなく、星の線のなかに隠されていた。そこには、ピュタゴラス的宇宙観の究極のシンボルだった数＝形が含まれていた。その数＝形とは黄金比だ。

黄金比の重要性は、今では忘れられかけているピュタゴラスの発見からきている。現代の学校では子供たちはピュタゴラスのことを、直角三角形の斜辺の平方は残りの二辺の平方の和に等しいという有名な定理を述べた人として習う。ところが、この定理はピュタゴラスの時代より一〇〇〇年以上も前から知られていた。古代ギリシアではピュタゴラスは、別のあるものを発明した人として記憶されていた。そのあるものとは、音階だ。

言い伝えによれば、ある日、ピュタゴラスはモノコードで遊んでいた。箱のうえに弦《げん》が一本張ってあるものだ（図7）。駒を滑らせて、音程を変えてみた。するとたちまち、弦が、特異ではあるが

図7　神秘的なモノコード

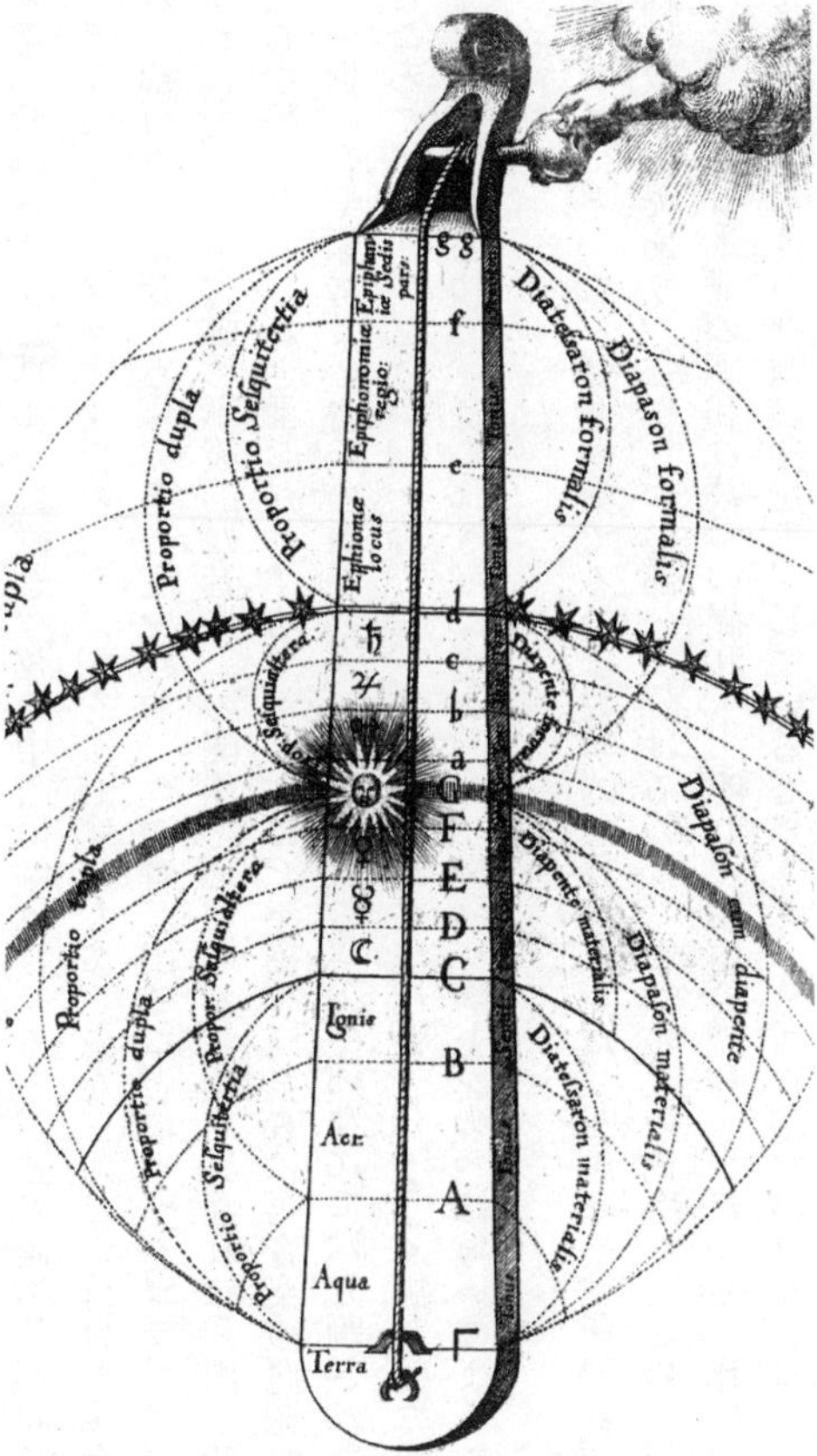

予測可能な振る舞いを示すことに気づいた。駒なしで弦をつまびくと、澄んだ音が出る。基音と呼ばれる音だ。モノコードに駒を置いて弦に触れさせると、出る音の音程が変わる。駒をモノコードのちょうど真ん中に置き、弦の中心に触れさせると、弦の両半分が同じ音を出す。基音より一オクターブ上の音だ。駒を少しずらして、弦を三対二に分けた場合、それぞれの部分をつまびくと、完全五度をなす二つの音が出ることにピュタゴラスは気づいた。これはもっとも力強く示唆的な音楽上の関係と言われる。比が異なれば、出る音も異なり、心を静めたり、かき乱したりする（たとえば、不協和三全音は〝音楽の悪魔〟と呼ばれ、中世の音楽家によって斥《しりぞ》けられた）。奇妙にも、弦が単純な比では分割されないようなところにピュタゴラスが駒を置くと、弦をつまびいて出た音はうまく調和しなかった。普通その音は不協和で、時にはさらに悪かった。音は音階上を酔っぱらいのように上下によろめいた。

ピュタゴラスにとって、音楽を奏でるのは数学的な行為だった。四角形や三角形と同じく、直線は数＝形であり、弦を二つの部分に分けるのは、二つの数の比率をとるのと同じことだった。モノコードの調和は数学の調和――そして宇宙の調和――だった。比は音楽ばかりでなく、あらゆる種類の美を支配しているとピュタゴラスは結論づけた。ピュタゴラスにとって、比は音楽の美しさ、肉体の美しさ、数学の美しさを支配していた。自然を理解するのは、比率の数学を理解することに尽きた。

図8　古代ギリシア人の宇宙

　この哲学――音楽、数学、自然の互換性――は、初期のピュタゴラスの惑星モデルにつながった。ピュタゴラスが論じるには、地球は宇宙の中心にあり、太陽、月、惑星、恒星はそれぞれ、球の内側に固定されて、地球のまわりを回っているのだった（図8）。球の大きさの比はきれいに秩序だっていて、球が動くと、音楽が奏でられた。いちばん外側の惑星である木星と土星は、もっとも速く動き、もっとも高い音を出した。月などいちばん内側の惑星は低い音を出した。動いていく惑星は全部で、〝天球のハーモニー〟を生みだし、天空は美しい数学的なオーケストラだった。ピュタゴラスが「すべては数だ」と主張したときに言わんとしていたのは、そういうことだ。
比は、自然を理解するための鍵だったの

で、ピュタゴラスとそののちのギリシアの数学者たちは、比の性質を調べることに多くのエネルギーを費やした。そして、比を、調和平均など一〇種類に分類した。平均の一つは、この世でもっとも〝美しい〟数を生み出した。その数とは、黄金比だ。

この至福の平均に到達するには、線分を特殊なやり方で分割すればいい。大きいほうの部分に対する小さいほうの部分の比が、全体に対する大きいほうの部分の比と同じになるようにするのだ（付録B）。言葉で表すと、特別なことのようには聞こえないが、黄金比を含んだ図形はもっとも美しいもののように思われる。今日でも芸術家や建築家は、幅と長さの比がこの比になっている事物がもっとも美しく感じられることを直観的に知っており、これが、多くの美術品や建築物を支配している。歴史家や数学者のなかには、アテネの荘厳な神殿パルテノンは、その構成のあらゆる側面に黄金比が見て取れるように建てられたと論じる者もいる。自然さえ、その設計図に黄金比が組み込まれているように見える。オウムガイの貝殻のとなりあう部屋の大きさの比をくらべる、あるいは、パイナップルの時計回りの溝と反時計回りの溝の比をとってみると、黄金比に近づくことがわかる（図9）。

五芒星形が、ピュタゴラス教団のもっとも神聖なシンボルとなったのは、これを形づくる線が、黄金比で分割され——五芒星形には黄金比がぎっしり詰まっていた——ピュタゴラスにとってそれが数の王だったからだ。黄金比は芸術家からも自然からも好まれ、音楽、

図9　パルテノン、小室に分かれたオウムガイの殻、黄金比

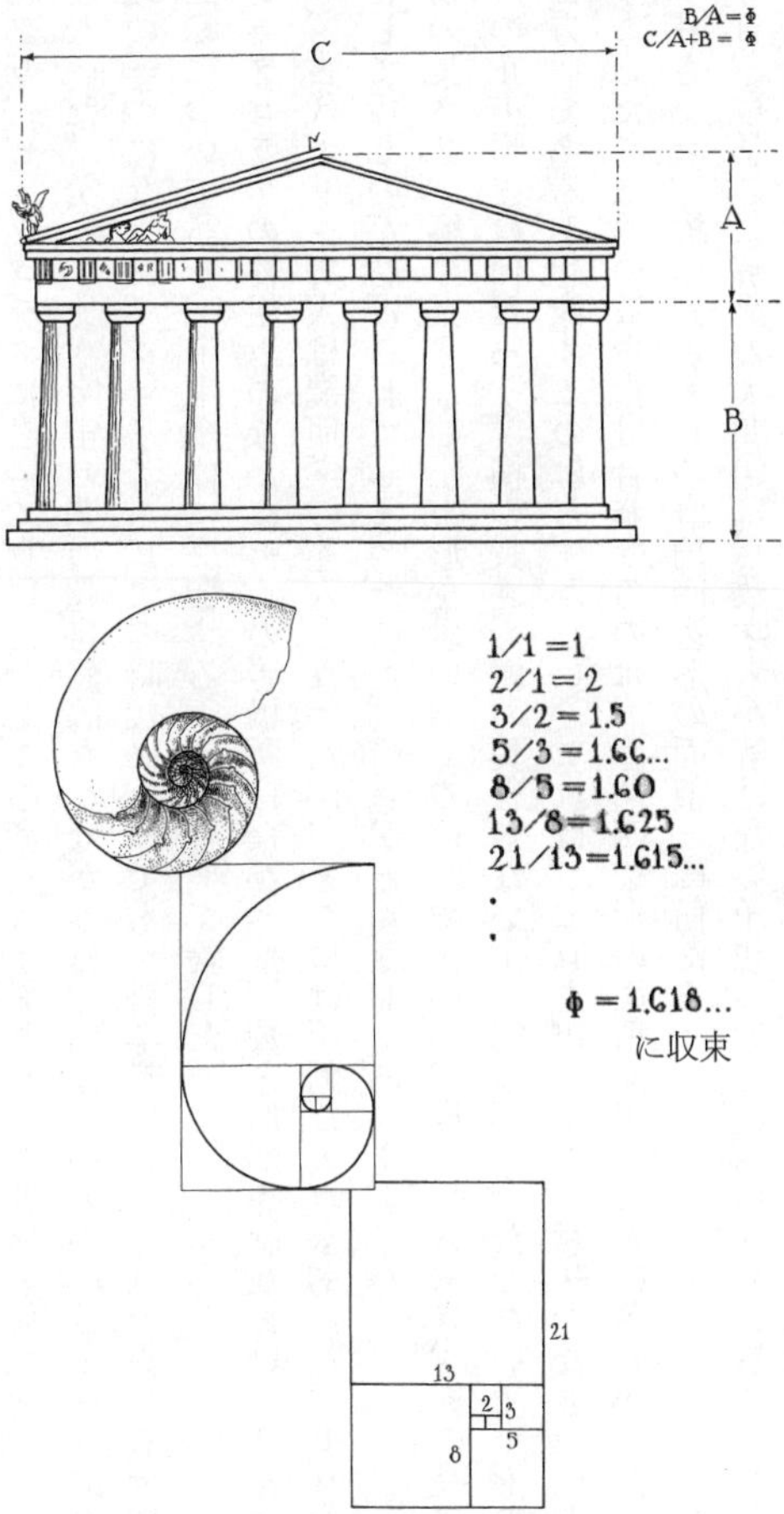

美、建築、自然、宇宙の構成そのものがすべて絡み合い切り離せないというピュタゴラスの主張を証明するように思われた。ピュタゴラス学派にとって、比は宇宙を支配していたのであり、ピュタゴラスにとって真理だったこの考えはまもなく西洋世界全体にとって真理となった。美学、比、宇宙の間の超自然的なつながりは、西洋文明の中心的で永続的な教義の一つになった。シェイクスピアの時代になっても、科学者は、大きさの異なる天球の回転について語り、宇宙全体に反響する天球の音楽を論じた。

ピュタゴラスの枠組みのなかにゼロの居場所はなかった。数と形が等価だという考えにより、古代ギリシア人は幾何学の達人となったが、そこには深刻な欠点もあった。ゼロを数として扱うのが妨げられてしまったのだ。ゼロがどんな形でありえようか。

横の長さ2、縦の長さ2の正方形を思い描くのはたやすいが、横の長さゼロ、縦の長さゼロの正方形とは何だろう。横の長さも縦の長さもない――実体がまったくない――ものが正方形であると想像するのはむずかしい。これは、ゼロを掛けるのが意味をなさないということだ。二つの数を掛け合わせるのは、直角四辺形の面積を出すことに等しかったが、横の長さゼロ、縦の長さゼロの直角四辺形の面積とは何だろう。

今日、数学の未解決の大問題は、数学者が解けない予想の形で述べられている。ところが、古代ギリシアでは、数＝形は数学者に異なる考え方をとらせた。当時の有名な未解決の問題は幾何学上の問題だった。直定規とコンパスだけで、任意の円と面積が等しい正方形をつくれるか。この二つの道具だけで、角を三等分できるか。* 幾何学的構成と形は同じものだった。そして、ゼロは、幾何学的に意味をなさないように思われる数だった。ギリシア人がゼロを数学に採り入れるには、数学のやり方全体を変革しなければならなかった。ギリシア人はそうしない道を選んだ。

＊初期のバビロニア人たちは、角を三等分することのむずかしさに気づいていなかったらしい。『ギルガメッシュ叙事詩』の語り手は、ギルガメッシュは三分の二神で、三分の一人間だったと述べている。これは、直定規とコンパスで角を三等分するのにおとらず無理だ──神と人間が無限にセックスすることが許されないかぎり。

ゼロがギリシア人にとって数だったとしても、ゼロを含んだ比をとるというのは、自然に逆らう行為のように思われたろう。そうすると、比はもはや二つの対象の関係ではなくなる。何かに対するゼロの比──ゼロをある数で割ったもの──は常にゼロだ。もう一方の数はゼロに吸収されてしまう。また、ゼロに対する何かの比──ある数をゼロで割ったもの──は論理を破壊しかねない。ゼロはピュタゴラスの宇宙のきちんとした秩序に穴を開けてしまう。だから、容認されえなかったのだ。

ピュタゴラスは、別の厄介な数学上の概念を押しつぶそうとした。無理数だ。この概念は、ピュタゴラスの観点にとって最初の試練であり、教団はこれを秘密にしようとした。秘密が漏れると、暴力に訴えた。

無理数の概念はギリシア数学のうちに時限爆弾のように隠れていた。数＝形の二重性のおかげで、ギリシア人にとって数を数えることは直線を測定することに等しかった。したがって、二つの数の比は、長さの異なる二本の線分の比較にすぎなかった。ところが、どんな測定をおこなうにも、線の長さをくらべるための基準、尺度が必要だ。たとえば、ちょうど一フィートの線分を想像してみるといい。片端から五インチ半のところに印をつけ、この一フィートを等しくない二つの部分に分割する。ギリシア人は、たとえば、長さ一インチの基準、ものさしを用い、小さな断片に分割して、比を出した。そうした断片が、一方の部分には一一個、もう一方には一三個含まれている。すると、二つの部分の比は一一対一三となる。

宇宙の何もかもが比（ratio）に支配されていることをピュタゴラス学派は望んだが、そのためには、宇宙で意味をなすものすべてが、きれいな比率と関連づけられなければならなかった。合理的という意味で rational でなければならないと同時に、今述べた意味でもまさに rational でなければならなかった。より正確に言えば、aとbを、1、2、47のような、ものの数を数えるのに使う数として、こうした比はa/bの形で書かれなければならなかった（数学者は注意深く、bが0であってはならないことに留意する。bが

0なら、ゼロで割ることになり、それが悲惨な結果をもたらすことはわかっている)。言うまでもなく、宇宙はそれほど秩序だっているわけではない。a/bという単純な比として表現できない数もある。そういう数、つまり無理数はギリシア数学の避けられない帰結だった。

正方形は、幾何学のもっとも単純な図形の一つであり、当然ピュタゴラス学派によって崇拝されていた(四つの辺は、四元素に対応していた。それは数の完成の象徴だった)。しかし、無理数は正方形の単純さのうちに潜んでいた。対角線を引けば、無理数が現れる。具体例として、一辺の長さが一フィートの正方形を想像してみよう。そこに対角線を引く。古代ギリシアのように比にとりつかれた人々は当然、正方形の各辺と対角線を見て、自問した。両者の比はいくらだろう。

第一歩はやはり、共通尺度を考えだすことだ。たとえば、長さ半インチの定規だ。次のステップは、その尺度を用いて、二つの線分を等分することである。長さ半インチのものさしを使えば、正方形の長さが一フィートの辺を、それぞれ長さ半インチの二四の部分に分割できる。対角線の長さを測るとどうなるだろう。同じものさしを使うと、対角線は……まあ、ほとんど三四等分できるが、ぴったりそうなるわけではない。三四番めの部分は、ほんの少しだけ短い。長さ半インチのものさしは、正方形の角から飛び出してしまう。だが、私たちはもっとうまくやれる。線分をもっと細かく分割しよう。たとえば、長さ六分の一インチの定規を使えばいい。すると、正方形の辺は七二等分され、対角線は、この定規一〇一本分よりは長いが、一〇二本分よりは短い。やはり測定は完璧ではない。本当に短いものさしで測ってみたら、どうだろう。長さ一〇〇万分の一インチの断片に分割したら？　正方形の辺は一二〇〇万等分されるが、対角線は、このような断片一六九七万五六三個分より少し短い。このものさしでも、両者をぴったり分割しきれない。どんなものさしを選んでも、測定はうまくいかないようだ。

　事実、断片をどれほど小さくしても、辺も対角線も完全に測定できる共通のものさしを選ぶことはできない。対角線は辺と通約不可能である。しかし、共通のものさしがなければ、両者の比は表せない。一辺の長さが1の正方形なら、対角線の長さがa/bの形で表せるような整数a、bを選べないということだ。言い換えると、その正方形の対角線の長さは無理数である。今日では、その長さを2の平方根と認識している。

　これは、ピュタゴラスの教義にとって困ったことだった。正方形のような単純なものにさえ整数比でない比が含まれているのに、どうして自然が比に支配されるだろうか。このことはピュタゴラス学派にとって信じがたかったが、議論の余地はなかった。それは、この人々自身が重んじる数学の法則の帰結だった。歴史上最初の数学上の証明の一つが、正方形の対角線の長さが通約不可能、つまり無理数であることの証明だった。

　無理数は、比の宇宙の基盤をおびやかすもので、ピュタゴラスにとって危険だった。しかも、泣き面に蜂で、まもなくピュタゴラス学派は、自分たちにとっての美と合理性の究極のシンボルたる黄金比が無理数であることを発見した。これら恐ろしい数のせいでピュタゴラスの教義が崩壊してしまうのを防ぐために、無理数は秘密にされた。ピュタゴラス教団はただでさえ口が固かった――誰もメモをとることさえ許されなかった――が、2の平方根が通約不可能であることは、ピュタゴラス教団の秘密中の秘密となった。

しかし、ゼロとちがって無理数はギリシア人にとって無視しがたいものだった。無理数は、あらゆる種類の幾何学図形に繰り返し現れた。幾何学と比に取りつかれた人々から無理数の秘密を隠しとおすのはむずかしかった。やがて、ある人物が秘密を明かすことになる。それが、数学者にしてピュタゴラス教団の一員だったメタポントゥムのヒッパソスだった。無理数の秘密はヒッパソスに大きな不幸をもたらすことになる。

ヒッパソスの裏切りと最期について、伝説は不確かで、相矛盾する話を伝えている。今日に至るまで数学者は、無理数の秘密を暴露したこのあわれな人物についていろいろと語っている。美しい理論を冷厳な事実によって破滅させた罪に見合った罰として、ピュタゴラスはヒッパソスを船上から投げ落として溺死させたと言う者もいる。古代の文献では、不信心のために海で命を落としたとされていたり、教団はヒッパソスを追放し、墓をつくって、ヒッパソスを人間世界から排除したとされていたりする。しかし、ヒッパソスの本当の運命がどうだったにせよ、教団の仲間たちからののしられたのはほぼ間違いない。ヒッパソスが暴露した秘密は、ピュタゴラス教団の教義の土台そのものを揺るがしたが、無理数を変則的事態と考えれば、教団は無理数によって自分たちの宇宙観を汚されずにすんだ。現に、ギリシア人は数の世界に無理数を渋々受け入れるようになっていった。ピュタゴラスは無理数では死ななかった。豆で死んだのだ。

ヒッパソス殺害についての伝説と同じく、ピュタゴラスの最期についての伝説も不確かだ。それでも、この大家が奇怪な死に方をしたことは、どの伝説からも読み取れる。ピュタゴラスは進んで餓死したとする伝説もあるが、豆が命取りになったとする説が普通だ。ある日、敵がピュタゴラスの家に火をつけたという伝説もある（犯人たちは、ピュタゴラスとの面会を許されるに値すると見なされなかったことに怒ったのだ）。家のなかにいた教団のメンバーたちは四方に散り、命からがら逃げだした。暴徒の群れは教団のメンバーたちを次々に殺した。こうして教団は破壊された。ピュタゴラス自身はその場から逃れた。豆畑に出くわさなかったら、逃げのびていたかもしれない。ピュタゴラスは豆畑の前で立ち止まった。豆畑を横切るくらいなら殺されたほうがましだと言い切った。追跡者たちは喜んで、この望みを叶えてやった。ピュタゴラスののどをかき切ったのである。

教団はばらばらになり、指導者は死んだが、ピュタゴラスの教えのエッセンスは生きつづけた。そして、ほどなく西洋史上もっとも影響力のある哲学——二〇〇〇年にわたって生きつづけるアリストテレスの教義——の基礎となる。ゼロは、この教義と衝突するが、無理数とちがってゼロは無視できた。ギリシアの数＝形の二重性のおかげで、それはたやすかった。何しろ、ゼロには形がなく、したがって数ではありえなかった。

だが、ゼロの受容を阻《はば》んだのはギリシアの数体系ではなかった。知識のなさでもなかった。ギリシア人は、夜空に取りつかれていたせいでゼロについて学んでいた。たいていの古代民族と同じく、ギリシア人も天体観測を好んだ。バビロニア人は最初の天文学の達人だった。食《しょく》を予測するすべを身につけていた。ギリシア初の天文学者だったタレスは、バビロニア人から、ことによるとエジプト人を通じてそのすべを学んだ。紀元前五八五年に日食を予言したと言われていた。

バビロニアの天文学とともにバビロニアの数ももたらされた。天文学上の目的でギリシア人は六十進法の数体系を採用し、一時間を六〇分に、また一分を六〇秒に分けた。紀元前五〇〇年頃、バビロニアの文献に空位を表すものとしてのゼロが現われはじめた。当然、ゼロはギリシアの天文学界にも広まった。古代天文学の絶頂期にギリシアの天文学図表では頻繁にゼロが使用された。ゼロを表す記号は小文字のオミクロンοだった。偶然だろうが、現代のゼロの記号によく似ている（オミクロンが使われたのは、「何もない」を意味するギリシア語のオウデンの頭文字からきているのかもしれない）。ギリシア人はゼロを好まず、使うのをできるだけ避けた。ギリシアの天文学者たちは、バビロニアの記数法で計算をしたあと、結果を不便なギリシア式数字に変換した。ゼロなしで。ゼロが古代西洋の数に入り込むことはついになかった。だから、オミクロンが私たちの0の母であるということはありそうもない。ギリシア人は計算でゼロが便利であることは知っていたが、それでもゼロを拒絶した。

そういうわけで、ギリシア人がゼロを拒絶したのは無知のせいではなかったし、制約の大きいギリシアの数=形の体系のせいでもなかった。哲学のせいだった。ゼロは西洋世界の根本的な哲学的信念と衝突したのだ。ゼロのうちに、西洋世界の教義にとって有害な概念が二つ潜んでいたからだ。この二つの概念は、やがて、長らく君臨したアリストテレス哲学を崩壊させることになる。その危険な概念とは、無と無限である。

無限、空虚、西洋世界

> 博物学者たちが言うには、ノミは、それより小さなノミどもに
> 食われ、さらにこうしたノミどもは、さらに小さなノミどもに
> 噛まれる、という具合に無限にノミが連なる。
>
> ジョナサン・スウィフト『詩について——一つの狂想曲』

無限と空虚には、ギリシア人を恐れさせる力があった。無限は、あらゆる運動を不可能

にする恐れがあったし、無は、小さな宇宙を一〇〇〇個もの破片に砕け散らせる恐れがあった。ギリシア哲学は、ゼロを斥けることによって、自らの宇宙観に二〇〇〇年にわたって生きつづける永続性を与えた。

ピュタゴラスの教義は西洋哲学の中心となった。それは、宇宙全体が比と形に支配されているというものだった。惑星は、回転しながら音楽を奏でる天球の一部として動いているのだった。だが、天球のむこうには何があるのか。さらに大きな天球があり、そのまたむこうにはさらに大きな天球があるのか。いちばん外の天球は宇宙の果てなのか。アリストテレスやその後の哲学者たちは、無限の数の天球が入れ子状に重なっているはずはないと主張した。この哲学を採用した西洋世界に、無限を受け入れる余地はなかった。西洋人は無限を徹底的に排除した。というのも、無限はすでに西洋思想の根元を蝕みはじめていたからだ。それはゼノンのせいだった。同時代人から西洋世界でもっとも厄介な人物と見なされていた哲学者だ。

ゼノンは紀元前四九〇年頃に生まれた。ペルシア戦争――東洋と西洋の大きな衝突――がはじまった頃だ。ギリシアはペルシアを打ち破ることになる。だが、ギリシア哲学がゼノンを打ち破ることはなかった。ゼノンにはパラドクスがあったのだ。それは、ギリシアの哲学者の思考にとって手に負えないように思われた論理上の難問だった。ギリシアでもっとも悩みのたねとなった議論だった。ゼノンは、ありえないことを証明してしまったのだ。

ゼノンにしたがえば、宇宙にあるものはどれも運動しえない。もちろん、これはばかげた命題だ。誰でも、部屋のなかを歩いて見せるだけでこの主張が誤っていることを証明できる。ゼノンの命題が誤りであることは誰でも知っているのに、誰もゼノンの論証に欠陥を見つけることができなかった。ゼノンはパラドクスを考えだしたのだ。ゼノンが突きつけた論理上の難問にギリシアの哲学者たちは戸惑った。それに、その後につづく哲学者たちも。ゼノンの謎は二〇〇〇年近くにわたって数学者を悩ませた。

ゼノンのもっとも有名な難問である「アキレスのパラドクス」で、歩みののろいカメを追いかける脚の速いアキレスがいつまでたってもカメに追いつけないことをゼノンは証明する。話をもっと具体的にするために、数字を出そう。アキレスは秒速一フィート、カメはその半分の速さで走ると想像しよう。また、カメはアキレスの一フィート先から出発するものと考えよう。

アキレスは猛スピードで進み、わずか一秒でカメがいた地点に達する。だが、そのとき、カメは半フィート先に進んでいる。問題ない。アキレスのほうが速いのであり、〇・五秒後にはその半フィート先にたどりつく。しかし、またもやカメは先に進んでいる。今度は四分の一フィート先だ。アキレスは、あっという間に――四分の一秒で――それだけの距離を進む。だが、その間にカメはのろのろと八分の一フィート進む。アキレスは走りに走るが、カメはいつも先に進んでいる。アキレスがどれだけカメに近づいても、カメがいた地点に達したときにはカメはすでに先に進んでしまっている。八分の一フィート、一六分の一フィート、三二分の一フィート……。距離は縮まっていくが、いつまでたってもアキレスはカメに追いつけない。カメはいつも前にいる（図10）。

現実の世界では、アキレスがたちまちカメを追い抜いてしまうことは誰でも知っているが、ゼノンの議論は、アキレスがいつまでたってもカメに追いつけないことを証明しているかのようだった。当時の哲学者たちは、このパラドクスを論破できなかった。結論が間違っていることはわかっていても、ゼノンの数学的証明に誤りを見つけることができなかったのだ。哲学者の主要な武器は論理だが、論理的推論はゼノンの論証の前で役に立たないように思われた。ゼノンの論証の一つひとつのステップは、隙がないように思われたが、すべてのステップが正しいのなら、どうして結論が間違っているなどということがありうるのか。

ギリシア人はこの問題に悩んだが、その根源を探り当てた。それは無限だった。ゼノンのパラドクスの核心にあるのは無限である。ゼノンは連続的な運動を無限の数の小さなステップに分割したのだ。ステップが無限にあるから、ステップが小さくなっていっても、競走はいつまでもつづくのだとギリシア人は考えた。競走は有限の時間のうちには終わらない――そうギリシア人は考えた。古代人には無限を扱う道具がなかったが、現代の数学

図10　アキレスとカメ

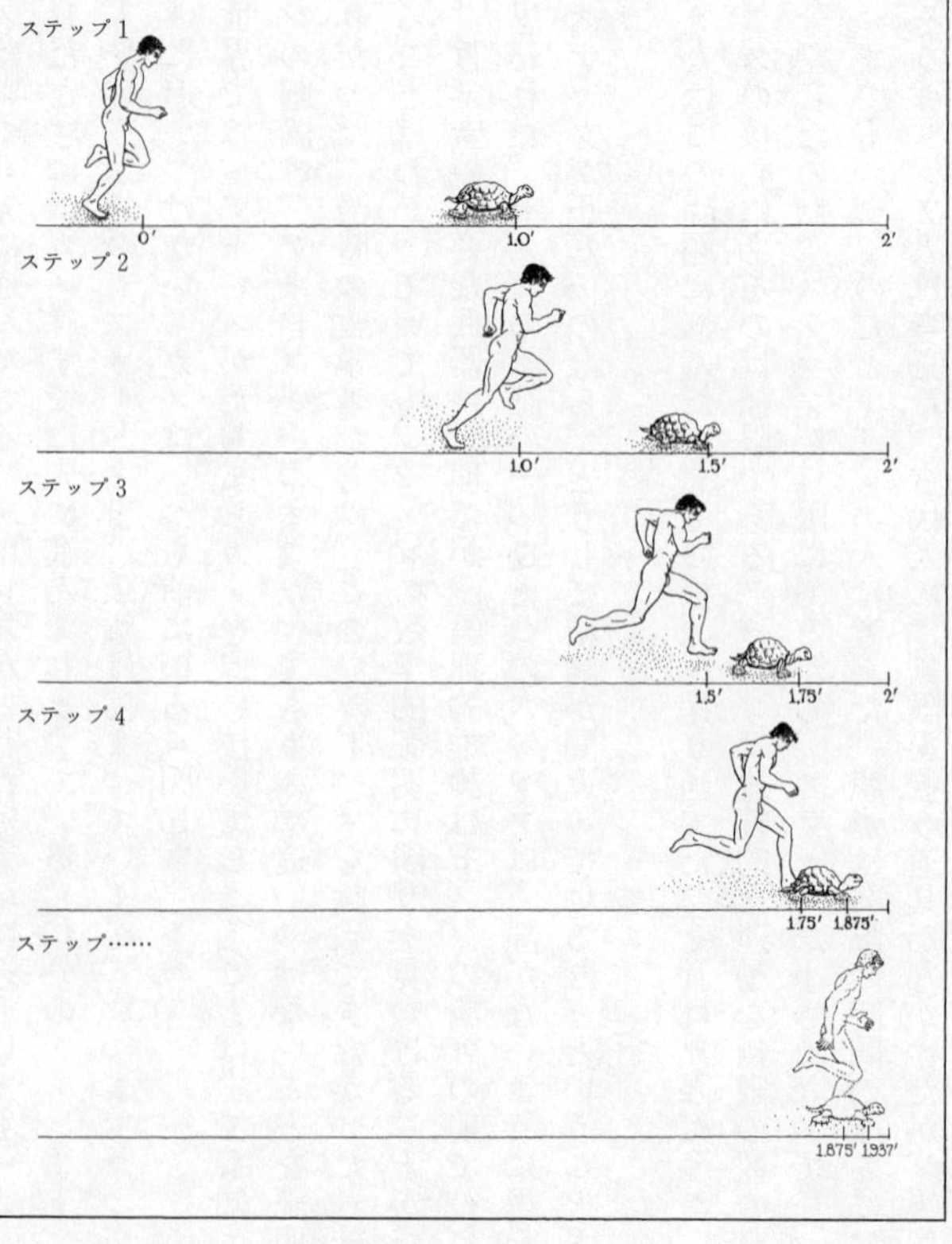
ステップ 1
0′
1.0′
2′
ステップ 2
1.0′
1.5′
2′
ステップ 3
1.5′
1.75′
2′
ステップ 4
1.75′
1.875′
ステップ……
1.875′
1.937′

者は無限を扱うすべを身につけている。無限は注意深く処理しなければならないが、征服できる。ゼロの助けを借りれば。二四〇〇年分の数学で武装した私たちにとって、振り返って、ゼノンのアキレス腱を見つけるのはむずかしくない。

ギリシア人にはゼロがなかったが、私たちにはある。ゼロはゼノンの難問を解く鍵だ。無限個の項を足し合わせて、有限の結果を得ることが可能な場合がある。ただし、そのためには、足し合わされる項はゼロに近づかなければならない。* アキレスとカメの場合がそうだ。アキレスが走る距離を足し合わせるとき、1から出発して、1／2を加え、次に1／4を加え、次に1／8を加えるというように、数を加えていく。項は小さくなっていき、ゼロに近づいていく。それぞれの項は、ゼロを目的地とする旅の一歩一歩に似ている。ところが、ギリシア人はゼロを斥けたから、この旅に目的地がありうることが理解できなかった。ギリシア人にとって、1, 1／2, 1／4, 1／8, 1／16…という数の列は何に近づいているわけでもない。目的地は存在しない。ギリシア人は、こうした項はただ小さくなっていくだけ、数の世界の外をあてもなくさまようだけだと見なした。

＊これは、必要条件ではあっても十分条件ではない。項がゼロに近づく速さが遅すぎれば、項の和は有限の数に収束しない。

現代の数学者は、こうした項に極限があることを知っている。1, 1/2, 1/4, 1/8, 1/16…という数の列は極限としてのゼロに近づいていくのだ。この旅には目的地がある。旅に目的地があるとなると、その目的地がどれほど遠いのか、また、そこに着くまでにどれだけかかるかを問うのは容易になる。アキレスが走る距離を足し合わせるのはそれほどむずかしくはない。1+1/2+1/4+1/8+1/16+…+1/2^n+…。アキレスの前進が小さくなっていき、ゼロに近づいていくのと同じように、こうした前進の合計は2に近づいていく。どうしてそれがわかるのか。2から出発し、項を一つひとつ差し引いてみよう。まずは2−1だ。答えはもちろん1。次に1/2を引くと、1/2。その次の項1/4を引くと、1/4。1/8を引くと、1/8。私たちは、お馴染みの数列に再び出会う。1, 1/2, 1/4, 1/8, 1/16…がゼロを極限とすることは、すでにわかっている。したがって、2からこれらの項を差し引くと、何も残らない。1+1/2+1/4+1/8+1/16+…という和の極限は2だ（図11）。アキレスは、カメに追いつくまでに二フィート走る。追いつくために無限回前進しなければならないとしても。では、アキレスがカメに追いつくのにかかる時間を考えよう。1+1/2+1/4+1/8+1/16+…＝2秒。アキレスは、有限の距離を走るのに無限回前進するし、無限回の前進を二秒のうちにやってしまうのだ。

ギリシア人はこのちょっとした数学上の芸当をやってみせることができなかった。ゼロを受け入れなかったため、極限の概念をもっていなかった。無限数列の項には極限も目的

図11　$1 + 1/2 + 1/4 + 1/8 + 1/16 + \ldots = 2$

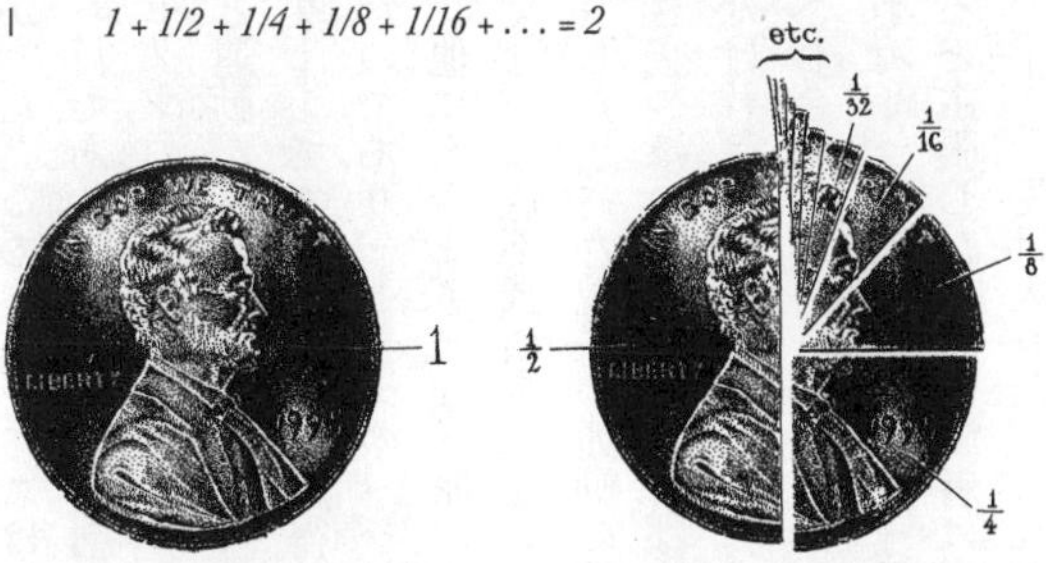

地もなかった。終点もなく小さくなっていくように思われた。その結果、ギリシア人は無限なるものを扱うことができなかった。無の概念について思索しはしたが、数としてのゼロは斥けた。そして、無限なるものの概念を弄《もてあそ》んだが、数の領域の近辺のどこにも無限――無限に小さい数と無限に大きい数――を受け入れようとしなかった。これはギリシア数学最大の失敗であり、ギリシア人が微積分を発見できなかったただ一つの理由だった。

　無限、ゼロ、極限の概念はすべて結びついて一束になっている。ギリシアの哲学者は、その束をほぐすことができなかった。そのため、ゼノンの難問を解くすべがなかった。だが、ゼノンのパラドクスはあまりにも強力だったので、ギリシア人は、ゼノンの無限を説明して片づけてしまおうと繰り返し試みた。しかし、妥当な概念で武装していなかったので、失敗する運命にあった。

ゼノン自身、このパラドクスの適切な解法をもっていなかったし、見つけようともしなかった。このパラドクスは、ゼノンの哲学にぴったり合っていた。ゼノンはエレア学派の一員であり、この一派の創始者であるパルメニデスは、宇宙の本質は不変不動だと考えた。ゼノンの難問はパルメニデスの主張を裏付けるものだったように見える。ゼノンは、変化と運動がパラドクスをはらんでいることを示すことによって、すべては一つ——そして不変——であると人々を納得させたいと望んだ。運動は不可能だとゼノンは本当に信じていたのであり、ゼノンのパラドクスは、この理論の主たる裏付けだった。

他にもさまざまな学派があった。たとえば、原子論者は、宇宙は、原子、つまり目に見えない永遠不滅の小さな粒子からできていると信じていた。原子論者によれば、運動はこうした小さな粒子の運動の結果だった。もちろん、原子が動くには、原子が入っていくべき空っぽの空間がなければならない。何しろ、これら小さな原子はどうにかして動き回らなければならなかった。真空のようなものがなかったら、原子はひっきりなしに押し合いへし合いしていることになる。どんなものも、ある場所にはまりこんだまま、身動きがとれない。したがって、原子論は、宇宙は空っぽの空間——無限の空虚——で満たされていると主張した。原子論者は、無限の真空という概念——無限大とゼロを一つにまとめたもの——を受け入れた。これは衝撃的な結論だったが、分割不可能な物質粒子という原子論の考えは、ゼノンのパラドクスを避けることができた。原子は分割不可能だから、もうこれ以上事物を分割できないという限界点があることになる。ゼノンの分割は無限につづくわけではない。何歩か進むと、アキレスの前進の幅は、もうそれ以上小さくなりようがなくなる。やがてアキレスは、カメが一個の原子をまたげないうちに一個の原子をまたぐ。アキレスは、逃げつづけてきたカメについに追いつく。

原子論に対抗するある哲学は、無限の真空のような奇妙な概念を考えるのではなく、宇宙をごく小さなものと見た。無限も無もなかった。ただ、地球を取り巻く美しい天球があるだけだった。地球は当然、宇宙の中心に置かれていた。これがアリストテレスの体系で、この体系は、後にアレクサンドリアの天文学者プトレマイオスによって改良され、西洋世界の支配的な哲学となった。アリストテレスは、ゼロと無限大を斥けることによって、ゼノンのパラドクスを片づけてしまった。

アリストテレスは単純明快に、「数学は無限を必要としないし、用いない」と断言した。〝可能的〟無限——たとえば、線分の無限分割という概念のようなもの——は数学者の頭のなかに存在しうるが、実際には誰もそんなことはできないので、無限なるものは実在しない。アキレスがカメを難なく追い越すのは、無限個の点が、現実の世界に存在する対象というよりゼノンが想像した虚構にすぎないからだ。アリストテレスは無限が消え去ればと願い、無限は人間の頭のなかにある構成物にすぎないと述べた。

この概念から驚くべきことが明らかになる。ピュタゴラスの宇宙に基づいていたアリストテレスの宇宙（および、後にプトレマイオスがそれを改良したもの）では、惑星は水晶のように透明な天球のなかで動くとされていた。しかし、無限がなかったから、天球の数は無限ではありえなかった。最後の一つがあるはずだった。いちばん外側の天球は、ダークブルーの球で、小さな輝く光の点――恒星――が散りばめられていた。いちばん外側の天球の「むこう」などというものはなかった。宇宙はそのいちばん外側の層で突然終わってしまうのだった。宇宙はこじんまりとしていて、恒星が固定されている天球のなかに安住していた。大きさが有限で、物質に満ちていた。無限なるものもなく、無もなかった。無限大もなく、ゼロもなかった。

この推論から、もう一つの帰結が導き出される。アリストテレス哲学が長年にわたって存続したのは、そのためだった。アリストテレスの体系は神の存在を証明したのだ。

天球はそれぞれの位置でゆっくりと自転して、宇宙を満たす音楽を奏《かな》でている。しかし、その運動の原因となっているものがあるはずだ。静止した地球は、その原因ではありえないから、いちばん内側の天球は、そのすぐ外の天球に動かされているにちがいない。そして、後者は、そのまた外にあるもっと大きな天球に動かされているにちがいない。しかし、無限などない。天球の数は有限であり、あるものがその外にあるものに動かされるという事物の連なりが無限につづくわけではない。何かが運動の究極の原因であるはずだ。恒星が固定されている天球を動かしているものがあるはずである。それこそが第一動者、神だ。

キリスト教は、西洋世界を席巻すると、アリストテレスの宇宙観および神の存在証明と密接に結びついた。原子論は無神論と結びつけられた。アリストテレスの教義に疑問を投げかけるのは、神の存在に疑問を投げかけるに等しかった。

アリストテレスの体系は興隆をきわめた。アリストテレスのもっとも有名な教え子、アレクサンドロス大王は、紀元前三二三年に死ぬまでにこの教義をインドにまで広めた。アリストテレスの体系はアレクサンドロスの帝国が滅びた後も生き残り、一六世紀のエリザベス朝時代まで生きつづける。アリストテレスがこれほど長きにわたって受け入れられつづけたため、無限なるものは斥けられた。それに無も。というのも、無は無限なるものの存在を含意したため、アリストテレスによる無限なるものの否定は必然的に無の否定につながったからだ。無の性質には論理的に可能性が二つしかなく、どちらも無限なるものが存在することを含意していた。第一に、無は無限にありうる。それなら、無限は存在する。第二に、無の量は有限でもありうる。しかし、無とは物質がないことにほかならないから、無が有限量だけしかないのなら、物質は無限になければならない。したがって、無限は存在する。いずれの場合も、無の存在は無限なるものの存在を意味する。無／ゼロはアリストテレスの整然とした議論、ゼノンへの反論、神の存在の証明を破綻《はたん》させてしまう。だから、アリストテレスの議論が受け入れられると、ギリシア人はゼロ、無、無限大、無限なるものを斥けざるをえなかった。

ただし、問題があった。無限大とゼロをともに斥けるのはそうたやすくはない。時間をさかのぼってみればいい。歴史上さまざまな出来事が起こったが、無限といったものがなければ、無限の数の出来事はありえない。したがって、最初の出来事があるはずだ。つまり、天地創造である。だが、天地創造の前には何が存在していたのか。無なのか。アリストテレスにとって、これは受け入れられなかった。逆に、最初の出来事がなかったとしたら、宇宙は常に存在した——そして、将来も常に存在しつづける——ことになる。無限大とゼロのどちらかを認めなければならない。どちらもない宇宙は筋が通らない。

アリストテレスは無の概念を嫌うあまり、真空を抱えた宇宙より永遠不滅にして無限なる宇宙を選んだ。永遠なる時間はゼノンの無限分割と同じような〝可能的〟無限だと述べた（これは、こじつけだったが、多くの学者がその議論を受け入れた。創造の物語を神の存在のさらなる証明として選んだ者もいた。中世の哲学者と神学者はこの難問をめぐって数百年にわたって争う運命にあった）。

アリストテレスの自然観は間違っていたが、影響力が大きく、一〇〇〇年以上もの間、よほど現実的な見方も含め、それと対立する見方をすべて脇に押しやっていた。西洋世界がアリストテレス自然学を——アリストテレスによるゼノンの無限の排除とともに——打ち捨てるまで、科学が進歩することはなかった。

ゼノンは、知性にあふれていたにもかかわらず、深刻な問題に突き当たった。紀元前四三五年頃、エレアの圧政者ネアルコスを打ち倒そうと謀《はか》り、この大義のために武器を密輸していた。ところが、不運なことに、ネアルコスに陰謀を知られ、逮捕された。ネアルコスは、共謀者を知ろうと、ゼノンを拷問にかけた。まもなく、ゼノンは拷問者たちにやめてくれと頼み、共謀者たちの名前を言うと約束した。ネアルコスが近づくと、ゼノンは、名前は秘密にしておくのがいちばんだから、もっと近寄ってほしいと言った。ネアルコスは体を傾け、顔をゼノンのほうに寄せた。すると突然、ゼノンはネアルコスの耳に嚙みついた。ネアルコスは悲鳴を上げたが、ゼノンは嚙みついたまま放さなかった。拷問者たちは、ゼノンを叩き殺してやっと引き離すことができた。こうして無限なるものの大家は死んだのだ。

やがて、古代ギリシアに無限なるものに関してゼノンを凌《しの》ぐ者が現れた。シラクサの風変わりな数学者アルキメデスだ。無限なるものを垣間見た、ただ一人の思想家だった。シラクサはシチリア島のもっとも豊かな都市であり、アルキメデスはそこのもっとも有名な住民だった。若き日のアルキメデスについてはあまりわかっていないが、ピュタゴラスが生まれた場所でもあるサモスに紀元前二八七年頃に生まれたらしい。そして、シラクサに移り住み、王のために工学上の問題を解決した。自分の王冠は純金なのか、それとも鉛が混ぜてあるのかを突き止めてくれとアルキメデスに頼んだのは、シラクサの王だ。この課題は、当時のどの科学者の手にも余るものだった。ところが、アルキメデスは、風呂桶《おけ》に浸《つか》ったとき、お湯があふれでるのに気づき、突然、あることに思い当たった。水をいっぱいに張った桶に王冠を沈めて、どれだけの水が押し出されるかを計れば、王冠の密度、ひいては純度を計ることができる。この閃きに興奮したアルキメデスは、風呂桶から飛び出して、「ヘウレーカ！ ヘウレーカ！（わかったぞ）」と叫びながらシラクサの通りを駆け抜けた。自分が素っ裸であることをアルキメデスが忘れていたのは、言うまでもない。

アルキメデスの才能はシラクサの軍隊にとっても有用だった。紀元前三世紀、ギリシアが覇権を握る時代は終わった。アレクサンドロスの帝国は、相争ういくつかの国家に分裂し、西洋世界では新しい勢力が力を誇示していた。ローマだ。ローマはシラクサに狙いを定めていた。言い伝えによれば、アルキメデスは、シラクサをローマ人から守るために市民を驚異的な武器で武装させた。投石器、ローマの戦艦をつかんで持ち上げ、舳先を下にして水に放り込む巨大なクレーン、日光を集めて遠くからローマの船に火をつけることができる鏡。ローマ兵たちは、こうした兵器を怖がるあまり、城壁の上からロープや木材が飛び出しているのを見ただけで、アルキメデスが何かの武器で自分たちを狙っているのではないかと恐れて逃げたものだった。

アルキメデスは戦争用の鏡の研磨に無限なるものをはじめて垣間見た。ギリシア人は何世紀も前から円錐《すい》曲線に魅了されていた。円錐《すい》を切ると、切り方によって、円、楕《だ》円、放物線、双曲線が現れる。放物線は特殊な性質がある。太陽など遠くにある光源からくる光線を一点に集め、その光のエネルギーをごく小さな面積に集中させる。船に火を点けることができる鏡は、放物線（パラボラ）の形をしているはずだ。アルキメデスは放物線の性質を研究し、そこではじめて無限なるものを弄んだのだ。

アルキメデスは、放物線を理解するために、これを測定するすべを覚えなければならなかった。たとえば、放物線の形をした断面の面積を求めるにはどうすればいいか、誰も知らなかった。三角形や円の面積を測定するのは簡単だったが、放物線のような、円よりやや不規則な曲線は当時のギリシアの数学者の知力を超えていた。しかし、アルキメデスは、放物線に囲まれた図形の面積を求めるすべを考えついた。まず、放物線に内接する三角形を書く。すると、小さな隙間が二つ残る。そこに内接する三角形を書く。すると、隙間が四つ残る。そこに内接する三角形を書く。このように、次々と三角形を書き込んでいく（図12）。アキレスとカメに似ている。小さくなっていく無限のステップの列だ。小さな三角形の面積はたちまちゼロに近づく。アルキメデスは、長々と込み入った計算をした末に、無限個の三角形の面積の和を出して、放物線に囲まれた図形の面積を言い当てた。しかし、当時の数学者は、この推論をあざ笑ったろう。アルキメデスは無限なるものという道具を用いたが、当時の数学者たちはこれを断じて認めなかった。アルキメデスは、数学者たちを納得させるために、当時受け入れられていた数学に基づいた証明も述べた。これは、いわゆるアルキメデスの公理によるものだった。ただし、アルキメデス自身は、この公理を発見した手柄は、それ以前の数学者のものだと述べている。ご記憶かもしれないが、この公理は、どんな数も、繰り返し足し合わせれば、やがて他のどんな数をも超えるというものだ。これは明らかにゼロには当てはまらない。

アルキメデスの、三角形による証明は、発見寸前のところまで極限――そして微積分――の概念に近づいていた。アルキメデスは、後の著作で、直線のまわりで放物線や円を回転させてできる立体の体積を計算している。これは、数学を勉強している学生なら誰でも知っているとおり、微積分のコースのはじめのほうで宿題として出される問題だ。ところが、有限なるものと無限なるものとの架け橋、微積分と高等数学に絶対不可欠な架け橋であるゼロを、アルキメデスの公理は斥けていた。

図12　アルキメデスの放物線

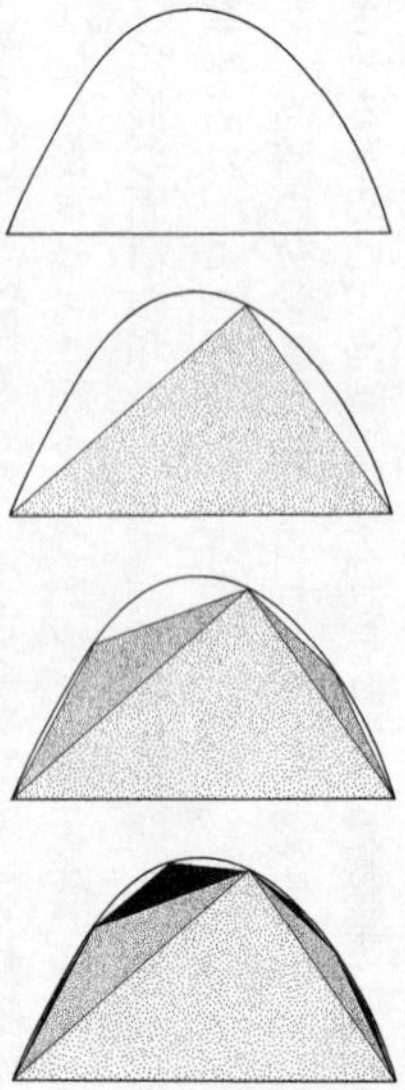

聡明なアルキメデスでさえ時折、同時代人とともに無限なるものを拒絶した。アルキメデスは、アリストテレスの宇宙観を信じていた。宇宙は巨大な天球の内側におさまっているというのだった。アルキメデスは気まぐれに、(球形の)宇宙に砂粒がいくつおさまるかを計算してみることにした。〝砂計算者〟で、まず、ケシのたねに砂粒がいくつおさまるかを、それから、指の太さだけの幅にケシのたねがいくつおさまるかを計算した。そして、指の太さからスタディオン(競技場)の長さ(ギリシアの長い距離の標準単位)に、さらに宇宙の規模にいたり、アルキメデスは、10^{51}個の砂粒で、恒星が固定されているいちばん外側の天球にいたるまで宇宙全体がいっぱいになるという答えを出した(10^{51}は実に大きな数だ。たとえば、10^{51}個の水分子を考えてみればいい。これだけの水を飲み干すのに、今日地球上にいる人間一人一人が水を毎秒一トン飲んでも一五万年かかる)。この数は大きすぎて、ギリシアの記数法では扱えなかった。おかげで、アルキメデスは、実に大きな数を表記するための新たな方法を発明しなければならなかった。

ギリシアの数体系でもっとも大きなまとまりは、万だった。ギリシア人は、一万の一万倍(一億)の少し先まで数を表示できた。ところが、アルキメデスは、リセット・ボタンを押して、この限界を乗り越えてしまった。一億を1として、再び数えはじめたのだ。そして、こうした新しい数を〝第二階〟の数と呼んだ(現代の数学なら100000001を1、100000000を0とするところだが、アルキメデスはそうしたわけではなかった。ゼロから数えはじめたほうが、筋が通っているということは、アルキメデスは思いつかなかった）。第二階の数は一億にはじまり、一万の一万倍の一万倍の一万倍（一兆の一万倍）にいたった。第三階の数は一万の一万倍の一万倍の一万倍の一万倍（一兆の一兆倍）にいたった。こうして、アルキメデスは第一億階の数に達し、これを第一期の数と呼んだ。これは面倒なやり方だったが、役には立ち、アルキメデスが自ら考えた問題を解くのに必要なものを超えていた。だが、こうした数は大きくはあったが、有限だった。それでも、宇宙を砂で満ちあふれさせて、おつりがきた。ギリシア人の宇宙にゼロは必要なかった。

ことによると、もっと時間があったら、アルキメデスも無限とゼロの魅力に気づきはじめていたかもしれない。だが、砂計算者は、砂のなかで計算をしているうちに最期を迎える運命にあった。ローマ人はシラクサ人にとって強すぎた。人員の少ない監視塔と登りやすい防壁に乗じて、兵士を市内に送り込むことに成功した。ローマ人が町の防壁の内側にいるのに気づいたとたん、シラクサ人は恐怖に駆られ、守備ができなくなってしまった。ローマ人は市内になだれこんだが、アルキメデスは周囲のパニックを気に掛けなかった。地面に座り、砂のうえに円をかいて、ある定理を証明しようとしていた。服を汚した七五歳のアルキメデスに、一人のローマ兵が、ついてこいと命じた。アルキメデスは拒んだ。数学的証明がまだ終わっていなかったからだ。怒った兵士はアルキメデスを斬り殺してしまった。かくして、古代世界最高の知性はローマ人によって不必要に殺されるという形で死んだのだった。

アルキメデスを殺したのは、ローマによる数学に対する最大の貢献の一つだった。ローマ時代は七〇〇年ほどつづいた。その間、これといった数学の発展はなかった。キリスト教がヨーロッパを席巻し、ローマ帝国は滅び、アレクサンドリアの図書館は炎上し、暗黒時代がはじまった。ゼロが西洋世界に再び姿を現すまでに、さらに七〇〇年かかることになる。その間に、二人の修道士がゼロのない暦をつくり、永久につづく混乱を私たちにもたらした。

ブラインド・デート

これは愚かで子供じみた議論であり、私たちが述べたことに反対する意見を主張する人たちの頭脳の欠陥を暴露しているにすぎない。

ザ・タイムズ（ロンドン）一七九九年一二月二六日

この〝愚かで子供じみた議論〟――新しい世紀の最初の年は〇〇年か〇一年かという議

論――は、時計じかけのように一〇〇年ごとに現れる。中世の修道士がゼロについて知ってさえいたら、私たちの暦はこんな混乱状態にはなかったろう。

修道士たちの無知を責めるわけにはいかない。中世には、数学を学んだ西洋人はキリスト教の修道士だけだった。学問を修めた人間は修道士しか残っていなかった。修道士が数学を学ばなければならない理由は二つあった。祈りとかねだ。かねを数えるには……つまり、ものを数えるすべを知っていなければならなかった。そのために、修道士たちは、算盤式の計算装置、あるいはそれに似た計算装置である計算盤、つまり、台のうえで石などの珠《たま》を動かすものを用いた。大してむずかしい作業ではなかったが、昔の基準で言えば、最先端技術だった。また、修道士たちは、お祈りをするために、時と日付を知らなければならなかった。そのため、時間を計ることは修道士の儀式に不可欠だった。修道士は、時間と日にちによって異なるお祈りをしなければならなかった（正午、真昼という意味の英語 noon は、中世ヨーロッパの聖職者の真昼の礼拝を意味する none という言葉からきている）。夜回りの係の者は、時間を知らなくてはならなかった。そうでなければ、寝心地のいい藁《わら》の寝床から仲間の修道士たちをいったたき起こすべきか、どうしてわかるだろうか。また、正確な暦がなくては、いつ復活祭を祝うべきか、知りようがない。これは大問題だった。

復活祭の日付を計算するのは、暦どうしの食い違いのおかげで、なかなか厄介な仕事だった。教会の総本山はローマで、一年三六五日（閏年あり）の太陽暦を用いていた。しかし、イエスはユダヤ人で、一年三五四日（閏月あり）のユダヤの太陰暦を用いていた。イエスの生涯の大事件は月と関連づけられており、一方、日々の暮らしは太陽に支配されていた。二つの暦は互いにずれていき、ある祝日がいつであるかを予測するのは実にむずかしかった。復活祭は、まさにそのような移ろいゆく祝日だったので、数世代ごとに一人の修道士が選ばれて、むこう数百年にわたる復活祭の日付の計算を任された。

ディオニュシウス・エクシグウスは、そうした修道士の一人だった。六世紀に教皇ヨハネ一世に復活祭表を拡張するよう頼まれた。そして、表を翻訳し計算しなおすうちに、イエス・キリストがいつ生まれたのかを計算できることに気づいた。ちょっと計算をして、今がキリストが生まれてから五二五年目であるという結論を出した。キリストが生まれた年がアンノ・ドミニ一年、つまり、われらが主の最初の年であるべきだとディオニュシウスは考えた（正確に言えば、キリストが生まれたのは、その前の年の一二月二五日だと述べ、ローマの暦に合わせて暦を一月一日からはじめた）。その次の年はAD二年、そのまた次はAD三年というふうにして、当時普通に用いられていた二つの日付体系を廃止するのだ。*ただし、問題が一つあった。いや、二つだ。

＊一つは、ローマの町が築かれた年を、もう一つは、ディオクレティアヌス帝の即位を、それぞれ

第一年とするものだった。キリスト教の修道士たるディオニュシウスにとって、何度かヴァンダル族やゴート族に略奪されたことのある都市が築かれたことよりも――あるいは、それを言うなら、自ら飼育している異国風の動物たちにキリスト教徒をえさとして与えるという忌まわしい趣味の持ち主だった皇帝の治世のはじまりよりも――救い主の誕生のほうが重要な出来事だった。

まず、ディオニュシウスはキリストの誕生日を誤解していた。文献は一致して、新生児のなかにメシアがいるという予言をヘロデ王が耳にして怒ったため、マリアとヨセフはヘロデから逃れたとしている。ところが、ヘロデは紀元前三年に死んでいる。キリストが生まれたとされている時より前だ。ディオニュシウスは明らかに間違っていた。今日では、おおかたの学者は、キリストが生まれたのは紀元前四年のことだったと考えている。ディオニュシウスは数年はずれていた。

実際には、この誤りはそれほど大したものではなかった。暦の最初の年を選ぶとき、その後すべてのつじつまが合っていれば、どの年を選ぶかは本当は重要ではない。現実に私たちはみな一致して同じ誤りを犯しているわけだが、そうであるかぎり、四年の誤りは些細なことである。だが、ディオニュシウスの暦には、もっと重大な問題があった。ゼロだ。

ゼロ年がなかった。普通このことは大した問題ではない。当時の暦はたいてい、ゼロ年ではなく一年からはじまっていた。ディオニュシウスには選択の余地すらなかった。ゼロについて知らなかったのだ。ディオニュシウスはローマ帝国が没落した後で育った。ローマの最盛期にさえ、ローマ人は数学の達人とは言えなかった。五二五年、暗黒時代がはじまった頃、西洋人はみな、出来の悪いローマ式の数にしがみついていた。ディオニュシウスにとって、われらが主の最初の年は当然I年だった。次の年はII年で、ディオニュシウスがこの結論にいたったのは、DXXV年のことだった。たいていの状況では、このことは何の問題も引き起こさなかったろう、ディオニュシウスの暦はすぐには広まらなかったので、なおさらそうだった。五二五年に、ローマの宮廷で知識人にとって重大な問題が持ち上がった。教皇ヨハネ一世が死に、それにつづく権力移行によって、ディオニュシウスのような哲学者と数学者はすべて、公職から追い出された。命を落とさずに逃げだせただけ幸いだった（それほど運がよくはなかった者もいた。アニキウス・ボエティウスは、権力のある宮廷人であり、西洋世界最高の数学者の一人だったことで、注目に値する。ディオニュシウスが公職から追い出された頃、ボエティウスも権力を失い、監禁された。ボエティウスは、数学者としてではなく、『哲学の慰め』の著者として記憶されている。ボエティウスは、この本のなかで、アリストテレス式の哲学によって自らを慰めている。そして、その後ほどなくして殴り殺された）。いずれにしろ、新しい暦は何年もの間、はやらないままだった。

ゼロ年がなかったことは、二〇〇年後に問題を引き起こしはじめた。七三一年、ディオニュシウスの復活祭表の有効期限が切れる頃、まもなく尊者の称号を与えられることになる、北イングランド出身の修道士ビードが再び復活祭表を延長した。おそらく、そうして、ディオニュシウスの仕事を知るようになったのだろう。『イギリス国民教会史』を書くとき、ビードは新しい暦を使った。

この本は大成功を収めたが、一つ重大な欠陥があった。ビードは、この歴史書を紀元前六〇年――ディオニュシウスの基準年の六〇年前――からはじめた。新しい日付体系を捨てたくなかったので、時をさかのぼってディオニュシウスの暦を延長した。やはりゼロを知らなかったビードにとって、紀元一年に先立つ年は紀元前一年だった。ゼロ年などなかった。何しろ、ビードにとって、ゼロは存在しなかったのだ。

一見、このように数を割り振るのは、それほど悪くないように思われるかもしれない。だが、これでは問題が起こるのは確実だった。紀元後の年を正の数、紀元前の年を負の数と考えればいい。ビードの数え方は……−3, −2, −1, 1, 2, 3…となる。−1と1の間にあるべきゼロが、どこにも見当たらない。おかげで誰もが惑わされてしまう。一九九六年に、暦についての記事が《ワシントン・ポスト》に載った。ミレニアム（千年紀）論争について「どう考えるべきか」を人々に教えるものだった。そして、何気なく、イエスは紀元前四年に生まれたから、一九九六年はイエスが紀元前四年に生まれてから二〇〇〇年目だと述べていた。これで筋が通っているのではないか。1996−(−4)＝2000だからだ。ところが、これは間違っている。実は一九九九年でしかない。

紀元前四年一月一日に生まれた子供を想像してみればいい。この子供は、紀元前三年に一歳になる。紀元前二年には二歳になる。紀元前一年には三歳になる。紀元一年には四歳になる。紀元二年には五歳になる。紀元二年一月一日には、この子供が生まれてから何年になるだろうか。もちろん、五年だ。だが、その年とこの子供が生まれた年それぞれに割り当てられた数の差はそうならない。こちらは2－(－4)＝6歳である。ゼロ年がないから、間違った答えが出てしまうのだ。

紀元〇年があったら、当然ながら、この子供は、紀元〇年一月一日に四歳、紀元一年に五歳、紀元二年に六歳になったはずだ。これなら、この子供の年の計算は、2から－4を引くだけの話だ。しかし、実際には、そうではない。正しい答えを出すにはさらに一年引かなくてはならない。したがって、イエスは一九九六年には二〇〇〇歳ではなかった。一九九九歳でしかなかった。これは混乱を招きやすい。しかも、話はさらにひどくなる。

最初の年の最初の日つまり紀元一年一月一日の最初の一秒に生まれた子供を想像しよう。この子供は二年に一歳になり、三年に二歳になる。そして、九九年には九八歳になり、一〇〇年には九九歳になる。そこで、この子供が世紀だと考えよう。世紀は一〇〇年には九九歳でしかなく、一〇一年一月一日にはじめて一〇〇歳の誕生日を祝う。したがって、二世紀は一〇一年にはじまる、同じように、三世紀は二〇一年にはじまり、二〇世紀は一九

○一年にはじまる。つまり、二一世紀——そして第三ミレニアム——は二〇〇一年にはじまる。いつの間にか。

世界中のホテルとレストランで一九九九年一二月三一日はずっと前から予約で満杯になっていた。二〇〇〇年一二月三一日ではなく。誰もが、間違った日にミレニアムの変わり目を祝った。世界中の時間の公式の番人にして年代に関する事柄すべての裁定者たるイギリス王立グリニッジ天文台さえ、浮かれ騒ぐ人々の群れを迎え入れることを計画していた。丘の上の天文台で原子時計が時を刻む間、下のほうにいる群衆は政府主催の〝ミレニアム・エクスペリエンス〟がはじまるのを待った。その一環をなす〝壮観なオープニング・セレモニー〟の開催日として主催者が予定していたのは——ご想像のとおり——一九九九年一二月三一日だった。この展覧会が幕を閉じる二〇〇〇年一二月三一日に、まさに丘の上の天文学者たちはシャンパンのボトルを開けて、ミレニアムの変わり目を祝う。もちろん、天文学者が、この日のことを気にかけていたらの話だが。

天文学者は、他の人たちほどたやすく時間を弄ぶわけにはいかない。何しろ、天の時計仕掛けを見守っているのだ。この時計仕掛けは、閏年に一時停止したり、人間が暦を変えるたびに自らをリセットしたりするわけではない。したがって、天文学者は人間の暦などまったく無視してしまうことにする。時間の経過を、キリストが生まれてから何年という形では表さない。紀元前四七一三年一月一日から過ぎた日数を数える。これは、一五八三年にジョゼフ・スカリゲルがかなり恣意的に選んだ日付である。スカリゲルの〝ユリウス日〟（かのユリウス・カエサルではなく、スカリゲルの父の名にちなんでつけられた呼び名）は、天文学上の出来事が起こった日を述べる標準的なやり方となった。絶えず作成の過程にあったさまざまな暦から生じる奇妙な事態を免れていたからだ（この方式は、その後、やや修正されている。修正ユリウス日は、ユリウス日から二四〇万日と一二時間引いたもので、一八五八年一一月一七日の真夜中をゼロ時とするものだ。これまた、かなり恣意的に選ばれた日付である）。ことによると天文学者は五万一五四二年修正ユリウス日を祝うのを拒み、ユダヤ人は（世界紀元）五七六〇年二三テヴェットを無視し、イスラム教徒は（ヒジュラ紀元）一四二〇年二三ラマダンのことを忘れてしまうかもしれない。いや、たぶんそんなことはないだろう。この人々もみな、その日が（キリスト紀元）一九九九年一二月三一日であることは知っている。二〇〇〇年という年には何かたいへん特別なものがあるのだ。

どうしてなのかは言いがたいが、私たち人間は、ゼロがたくさん並んだきりのいい数を好む。子供の頃、走行距離が二万マイルに達しようとしている車に乗って出掛けたときのことを覚えている人は少なくないだろう。一万九九九九・九という表示を、車内の全員が黙ったまま見守る。やがて、カチッと音がして、二万になる！　子供たちは一斉に歓声を上げる。

一九九九年一二月三一日は、空の壮大な走行距離計の数字がカチッと音をたてて上がる夜だ。

ゼロ番目の数

ポーランドの大数学者、ヴァツワフ・シェルピンスキーは……荷物を一つなくしてしまったのではないかと心配していた。「そんなことないわよ、あなた!」と妻は言った。「六つともここにあるじゃないの」。「そんなはずないよ」とシェルピンスキーは言った。「何度も数えたんだ。ゼロ、一、二、三、四、五」

ジョン・コンウェイ、リチャード・ガイ『数の本』

ディオニュシウスとビードが暦にゼロを入れるのを忘れたのは誤りだったと言うのは、奇妙に思われるかもしれない。「ゼロ、一、二」ではなく、「一、二、三」と数えるということは、子供でも知っている。マヤ人を別にして、誰もゼロ年をもたなかったし、月をゼロ日からはじめたりはしなかった。これは不自然なことのように思われる。一方、カウントダウンをするときは、別のやり方をすることに慣れている。

一〇、九、八、七、六、五、四、三、二、一、発射。

スペースシャトルはいつもゼロを待って飛び立つ。重要な出来事は〃一時〃ではなく〃ゼロ時〃に起こる。爆弾が爆発した地点に向かうとき、グラウンド・ゼロに近づいている。

注意して見れば、人々は普通ゼロから数えはじめているということに気づく。ストップウォッチは、0:00.00から時を刻みはじめ、一秒が経過してはじめて0:01.00に達する。車の走行距離計は工場から出てきたとき00000にセットされている。カーディーラーがその車で街のなかを一回りした頃には、数マイルになっているだろうが。軍隊の一日は公式には0000時にはじまる。しかし、数学者やコンピューター・プログラマーでもないかぎり、声を出して数を数えるときは、必ず「1」からはじめる。* 順序と関係があるのだ。

＊コンピューター・プログラマーがプログラムに何かを繰り返させるとき、コンピューターに一〇個のステップを踏ませるために、ゼロから9まで数えさせるだろう。忘れっぽいプログラマーは、1から9まで数えさせるかもしれない。すると、一〇個ではなく九個のステップしかおこなわれない。一九九八年にアリゾナ州の宝くじが台無しになってしまったのは、このような欠陥のせいだったのだろう。いくら抽選をしても、9が出なかった。「9を入力していなかったんです」と広報担

当の女性がおどおどしながら認めた。

ものの数を数えるのに使う数——1、2、3など——を扱っているとき、順序を決めるのはたやすい。1は最初、2は二番目、3は三番目の数だ。数の値——基数性——と順序——序数性——を取り違えることを心配するには及ばない。どちらも本質的には同じものだからだ。長年、それが実情であり、誰もが満足していた。ところが、ゼロが登場すると、数の基数性と序数性とのきれいな関係は壊れてしまった。数は0、1、2、3となった。ゼロが最初、1が二番目、2が三番目だ。もはや基数性と序数性は交換できなかった。これこそ暦の問題の根源である。

一日の最初の一時間は真夜中0秒過ぎからはじまる。二番目の一時間は午前一時、三番目の一時間は午前二時からはじまる。私たちは序数（一番目、二番目、三番目）で数えるにもかかわらず、時間を基数（0、1、2）で呼ぶ。私たちは、意識していようがいまいが、この考え方を身につけている。赤ちゃんが生まれて一二カ月が過ぎると、私たちは、その子供が一歳になったと言う。人生の最初の一二カ月を終えたわけだ。赤ちゃんがすでに一年間生きたときに一歳になるのなら、それ以前には赤ちゃんはゼロ歳だと言わなければ筋が通らないのではないだろうか。もちろん、私たちは、子供が生後六週間とか九週間とか言う。赤ちゃんがゼロ歳であるという事実に触れないうまいやり方だ。

ディオニュシウスは、ゼロを持ち合わせていなかったので、先人と同じく、暦を一年からはじめた。当時の人々は旧式の基数と序数で考えていた。それでけっこうだった。……当人たちにとっては。ゼロが考えに入ってこないかぎり、およそ問題にはなりえなかった。

ぽっかりと口を開けた空虚

それは完全な無ではなかった。何ら定義のない一種の無定形さだった。……真の推論によって、完全に形のないものを思い描きたいと思えば、あらゆる種類の形の名残をすべてなくさなければならないと確信した。私はそれを成し遂げることができなかった。

聖アウグスティヌス『告白』

修道士の無知を責めるのはむずかしい。ディオニュシウス・エクシグウス、ボエティウス、ビードの世界はまさに暗黒だった。ローマは崩壊し、西洋文明はローマの過去の栄光の残りかすでしかないように見えた。未来は過去より恐ろしいように思われた。英知を探し求める中世の学者が同時代人に目を向けなかったのも無理はない。学者たちはアリストテレスや新プラトン主義者のような古代人に目を向けた。こうした中世の思想家たちは、古代人の哲学と科学を輸入するとき、古代人の偏見も受け継いだ。その偏見とは、無限への恐れと無への恐怖だ。

中世の学者たちは無に悪の——そして悪に無の——烙印を押した。悪魔は文字どおり無だった。ボエティウスは次のような議論をした。神は全能である。神にできないことはない(=神にできないことは無である)。しかし、究極の善たる神は悪をなすことはできない。したがって、悪は無である。これは中世人にとって完全に筋が通っていた。

中世哲学のベールの下には、ある対立が潜んでいた。アリストテレスの体系はギリシアのものだったが、ユダヤ・キリスト教の創造の物語はセム族のものだった。そして、セム族には無へのこのような恐怖がなかった。創造の御業そのものが混沌とした無からおこなわれたのであり、四世紀に生きた聖アウグスティヌスのような神学者は、創造以前の状態を、形はないが「まったくの無にまではいたらない」「無にして有であるもの」と呼んで、この問題を片づけようとした。無への恐れは大きく、キリスト教学者は、アリストテレスを聖書にではなく、聖書をアリストテレスに合わせようとした。

幸い、あらゆる文明がこれほどゼロを恐れたわけではなかった。

第3章　ゼロ、東に向かう

無限なるもののあるところ、喜びあり。有限なるものに喜びなし。

チャンドギャ・ウパニシャッド

西洋世界は無を恐れたが、東洋は無を歓迎した。ゼロはヨーロッパからは追放されていたが、インドで、そして後にアラブ世界でも活躍した。

私たちが最後に目にしたとき、ゼロは空位を示すものにすぎなかった。バビロニアの記数法の空所だった。ゼロは役に立ったが、それ自体としては数ではなかった。値がなかった。左側の桁から意味を与えられるにすぎなかった。ゼロは、それだけでは、文字どおり何の意味もなかった。インドでは、すべてが変わってしまった。

紀元前四世紀にアレクサンドロス大王がペルシア軍を率いてバビロニアからインドに進軍した。インドの数学者がバビロニアの数体系について——そして、ゼロについて——はじめて知ったのは、このときだ。紀元前三二三年、アレクサンドロスが死ぬと、相争う将軍たちは帝国をばらばらにしてしまった。紀元前二世紀にローマが台頭し、ギリシアを飲み込んだが、ローマの勢力はアレクサンドロスの帝国ほどは東に拡がらなかった。その結果、はるかかなたのインドは、紀元四、五世紀におけるキリスト教の勃興とローマの没落の影響を受けなかった。

インドはアリストテレス哲学の影響を受けなかった。アレクサンドロスはアリストテレスの教えを受けており、アリストテレスの思想をインドに持ち込んだのは間違いないが、ギリシア哲学が根づくことはなかった。ギリシアと違って、インドには無限なるものや無への恐れはなかった。インド人は無限と無を受け入れたのだ。

無はヒンドゥー教で重要な位置を占めていた。ヒンドゥー教は、多神教として出発し、多くの点でギリシア神話に似た、戦士の神と闘いについての物語が集まったものだった。しかし、何百年か――アレクサンドロスが到来する前の何百年か――の間に、神々は融合しはじめた。ヒンドゥー教は民俗儀礼と神々への帰依を保ちながら、その核心で、一神教的で内省的な宗教になった。神々は、すべてを包み込む一つの神、ブラフマンのさまざまな側面になった。西洋世界でギリシアが勃興していたのと同じ頃、ヒンドゥー教は西洋の神話から離れていった。個々の神は前ほどはっきりしなくなり、ヒンドゥー教は神秘的になっていった。神秘主義は明らかに東洋の思想だった。

東洋の多くの宗教と同じく、ヒンドゥー教は二重性のシンボルに満ちていた（もちろん、この考えは西洋世界にも時折現れ、すぐに異端の烙印を押された。その一つであるマニ教的異端は、世界を、対等にして相対立する善と悪という原因の影響下にあると見た）。東アジアの陰陽思想や、西アジアのゾロアスターの善悪二元論と同じく、ヒンドゥー教のなかでも創造と破壊は混ざり合った。シヴァ神は世界の創造者でもあり破壊者でもあり、片手に創造の太鼓、片手に破壊の炎をもった姿で描かれる（図13）。しかし、シヴァは無も表現していた。この神の一側面であるニシュカラ・シヴァは文字どおり〝部分のない〟シヴァだった。究極の無――生命の欠如の化身――だった。宇宙は、無限なるものと同じく無から生まれた。西洋の宇宙と違って、ヒンドゥーのコスモスは無限に拡がっていた。私たちの宇宙の外には、他の無数の宇宙があった。

だが、同時にヒンドゥーのコスモスは、元来もっていた空虚を本当に捨ててしまうことはなかった。無は世界の源であり、再び無に到達するのが人類の究極の目的となった。ある物語では、死神が弟子に向かって魂について語る。「あらゆる存在の核心には、アートマン、霊魂、自己が隠れている。どんなに小さな原子よりも小さく、広大な空間より大きい」。あらゆるもののなかに存在するこのアートマンは、宇宙の本質の一部であり、不滅である。人が死ぬと、アートマンは肉体から解放され、まもなく別の肉体に入る。魂は乗り移り、人は生まれ変わる。ヒンドゥー教の目標はアートマンを輪廻から完全に解放し、

図13　シヴァの踊り

死から死へとさまようのをやめさせることだ。生命の欠如によって究極の解放を達成するすべは、実在の幻想にとらわれるのをやめることである。「魂のすみかたる肉体は、快楽と苦痛の力に支配されている」と、ある神は説明する。「そして、人は肉体に支配されているかぎり、自由になることはありえない」。だが、肉体の気まぐれから自らを切り離し、魂の沈黙と無を受け入れることができれば、解放される。アートマンは人間の欲望の網から解き放たれ、集合的意識——どこにでもあるし、どこにもない、宇宙を満たす無限の魂——の一部となる。この意識は無限であり、無である。

無と無限を積極的に探る社会だったインドは、こうしてゼロを受け入れた。

ゼロの再生

神々の時代のはじめに、存在は非存在から生まれた。

リグ・ヴェーダ

インドの数学はゼロを受け入れただけではなかった。ゼロを変容させ、その役割を、単に空位を示すというものから数としての役割に変えた。この生まれ変わりこそ、ゼロに力を与えたものだった。

インド数学の源は時のかなたに隠されている。ローマが崩れ落ちたのと同じ年——四七六年——に書かれたインドの文献には、アレクサンドロスがインドの地を征服したときにもたらしたギリシア、エジプト、バビロニアの数学の影響が認められる。エジプトと同じく、インドにも、田畑を測量し、神殿を設計する〝縄張り師〟がいた。また、インド人は、高度な天文学の体系をもっていた。ギリシアと同じく、太陽までの距離を計算しようとした。それには三角法が必要である。おそらく、インドの三角法は、ギリシア人が開発した方式に由来するのだろう。

五世紀頃、インドの数学者は数体系を変えた。ギリシア式からバビロニア式に切り換えたのだ。新しいインドの数体系とバビロニア式との重要な違いの一つは、インドの数が60ではなく10を底としていたことだ。私たちの数字は、インド人が用いた記号が発展したものだ。だから本来、アラビア数字ではなくインド数字と呼ばれるべきである（図14）。

インド人がいつバビロニア式の位取り記数法への切り換えをおこなったのかは、誰も知らない。インドの数字に関する最初の記述は、六六二年にシリアの司教が書いたもので、そこでは、インド人が「九つの記号で」どのように計算をするかが述べられている。九つである。一〇ではなく。ゼロは含まれていなかったようだ。だが、確かなことを言うのはむずかしい。この司教がこの文章を書く前から、インドの数字があったのは、かなりはっきりしている。その頃までに、インドの数体系のさまざまな変種の一部にゼロが現れたと

図14　私たちの数字の変遷

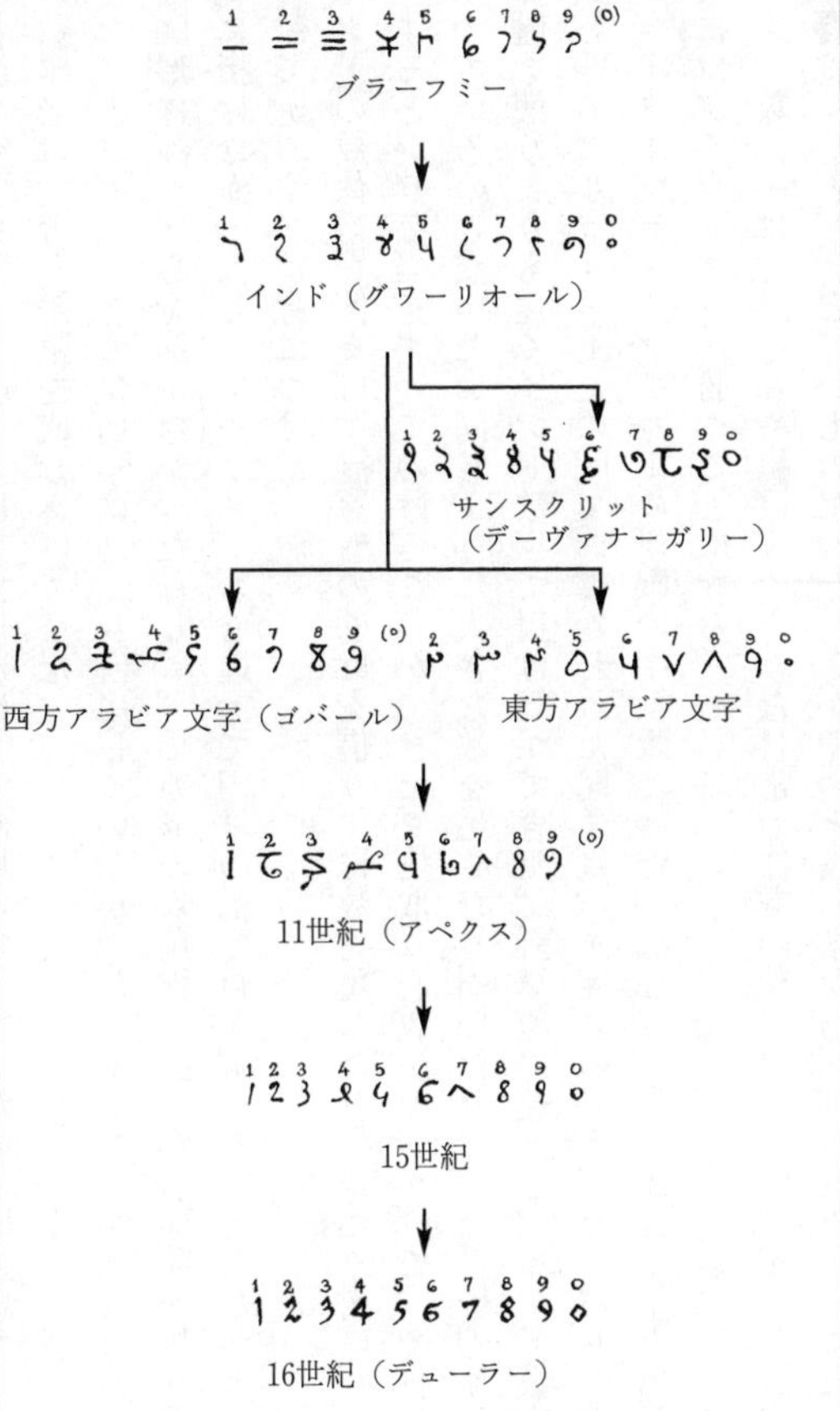

いう証拠がある。司教は知らなかったが。いずれにしろ、ゼロを表す記号——10を底とする記数法の空所を示すもの——は九世紀にはすでに用いられていたのは間違いない。インドの数学者は大きな飛躍を成し遂げていた。

インド人はギリシアの幾何学はあまり借用していなかった。ギリシアがあれほど愛した平面図形に深い関心を抱かなかったらしい。正方形の対角線の長さが有理数か無理数かなど気に掛けなかったし、アルキメデスと違って円錐の切り口を調べることもなかった。だが、数で遊ぶすべは身につけた。

インドの数体系を使えば、計算盤の助けを借りずに数を足したり引いたり掛けたり割ったりするという芸当をやってのけることができた。位取り記数法のおかげで、今日私たちがやっているのとだいたい同じように大きな数を足したり引いたりできた。練習すれば、計算盤を使うよりも速くインド数字で掛け算ができた。計算盤の達人と、インド数字を使ういわゆるアルゴリストとの間でおこなわれた競争は、チェスの名人、カスパロフと、コンピューター、ディープブルーの対戦の中世版だった（図15）。ディープブルーと同じく、最後にはアルゴリストが勝つことになる。

インド数体系は、足し算や掛け算のような日常の作業の役に立ったが、インド数字の真の影響はもっとずっと深いものだった。数がやっと幾何学から区別されるようになった。数は事物を測定するのに用いられるわけではなかった。ギリシアと違って、インド人は平

図15　アルゴリスト対アバシスト（計算盤の達人）

方数に正方形を見なかったし、異なる二つの値を掛けたときに直角四辺形の面積を思い浮かべなかった。むしろ、数値――幾何学的な意味をはぎ取られた数――の相互作用を見た。ここに、代数と呼ばれるものが生まれたのである。このような考え方は、インド人が幾何学に大きく貢献する妨げになったが、もう一つ意外な結果をもたらした。インド人は、このような考え方をすることによって、ギリシアの思考体系の短所――そして、ゼロの拒絶――から解放されたのだ。

数が幾何学的な意味を捨て去ると、数学者はもはや数学上の操作が幾何学的に意味をなすかどうかを気に掛けなくてもよくなった。二エーカーの畑から三エーカーの刈り跡を取り去ることはできないが、2から3を引いてはいけない理由はない。今日私たちは2－3＝－1つまり負の数と認識している。しかし、このことは古代人にとっては明らかではなかった。古代人は、方程式を解き、負の答えを得て、この答えには何の意味もないという結論をくだすことが何度もあった。幾何学的に考えたら、負の面積とは何だろう。ギリシア人にとって負の答えは意味をなさなかった。

インド人にとっては、負の数は文句なしに意味をなした。負の数がはじめて姿を現したのは、インド（および中国）だ。七世紀のインドの数学者、ブラフマグプタは、数を割る規則を述べ、そこに負の数も含めた。「正の数を正の数で割っても、負の数を負の数で割っても、正である。正の数を負の数で割ると、負である。負の数を正の数で割ると、負である」と書いた。これらは今日認められている規則だ。二つの数の符号が同じなら、一方をもう一方で割ると、答えは正である。

今や2−3が数であるように、2−2も数だった。ゼロだった。単に計算盤の空位を表示するものとしてのゼロではなく、数としてのゼロだ。特定の値をもち、数直線上に定位置を占めていた。ゼロは2−2に等しいから、1(2−1)とマイナス1(2−3)の間に置かれなければならなかった。ゼロはもはやコンピューターのキーボードの上でのように9の右におさまっているわけにはいかなかった。ゼロは数直線上に独自の位置を占めていた。

しかし、インド人さえ、ほかの人々と同じ理由でゼロはかなり奇妙な数だと考えた。何しろ、ゼロに何を掛けてもゼロだ。ゼロは何もかも飲み込んでしまう。それに、ゼロで何かを割れば、たいへんなことが起こる。ブラフマグプタは、0÷0、1÷0とは何かを見極めようとして失敗した。「ゼロをゼロで割ると、ゼロだ。正の数か負の数をゼロで割ったものは、これを分母とする分数だ」と書いた。言い換えると、0÷0は0だと考えた（後で見るように、これは間違っている）。そして、1÷0は……何だと考えたのか、実はわからない。何しろ、ブラフマグプタの言っていることには大した意味がないから。要するに、ブラフマグプタは、手を振って、問題が消え去ってくれるよう願っていたのだ。

ブラフマグプタの誤りは、それほど長続きはしなかった。やがてインド人は、1÷0が無限大であることに気づいた。「ゼロを分母とする分数は、無限量と名づけられる」と、一二世紀のインドの数学者バスカラは書いている。バスカラは1÷0に数を加えると、どうなるかを語っている。「多くを足しても引いても、何の変化もない。無限にして不変の神のなかでは何の変化も起こらない」

神は見いだされた。無限大のなかに。そしてゼロのなかに。

アラビア数字

人間はわれわれが人間を無から創造したことを忘れているのか。

『コーラン』

七世紀、ローマが滅びて西洋世界は衰えていたが、東洋世界は栄えていた。インドの成長は別の東洋文明の影に隠れてしまった。西洋の星が地平線のむこうに沈むとともに、別の星が昇ろうとしていた。イスラムだ。イスラムはインドからゼロを採り入れた。やがて西洋がイスラムからゼロを採り入れることになる。ゼロの台頭は東洋ではじまらなければならなかった。

六一〇年のある晩、メッカ生まれで三〇歳だったムハンマドがヒラ山で神がかり状態に陥った。伝説によれば、天使ガブリエルから「唱えよ！」と言われたという。ムハンマドが言われたとおり、神からの啓示を暗唱すると、それは燎原《りょうげん》の火のごとく拡がった。ムハンマドは六三二年に死に、その一〇年後、信奉者たちはエジプト、シリア、メソポタミア、ペルシアを手中にした。ユダヤ教徒とキリスト教徒の聖地であるエルサレムは陥落していた。七〇〇年には、イスラムは東はインダス川、西はアルジェまで拡がっていた。七一一年、イスラム教徒はスペインを奪取し、フランスにまで進攻した。東では七五一年に中国を打ち負かした。イスラム教徒の帝国は、アレクサンドロスさえ想像できなかったほど拡がった。中国に向かう途上、イスラム教徒はインドを征服した。そこでアラブ人はインドの数字について知ったのだ。

イスラム教徒は、自分たちが征服した人々の知恵を素早く吸収した。学者たちは文献をアラビア語に翻訳しはじめ、九世紀にはカリフのアル＝マムーンが大きな図書館を創設した。バグダッドの知恵の館だ。ここは東洋世界の学問の中心となる。その最初の学者の一人が、数学者のモハメド・イブン＝ムサ・アル＝フワリズミだった。

アル＝フワリズミは重要な本をいくつか書いている。その一つが、*Al-jabr wa'l mu-qabala*、初歩的な方程式を解くすべについての論文だった。この Al-jabr（「完成」というような意味）から、代数という意味の英語 algebra が生まれた。アル＝フワリズミはインドの数体系についても本を書き、これによって新しい記数法がたちまちアラブ世界に広まった。アルゴリズムとともに。アルゴリズムとは、インドの数を素早く掛けたり割ったりする技のことだ。アルゴリズムという言葉はアル＝フワリズミの名前が訛ったものである。アラブ人はこの記数法をインドから採り入れたのだが、この新しい方式は世界中でアラビア数字と呼ばれることになる。

ゼロという言葉自体に、その起源がインドとアラブ世界にあることが窺える。アラブ人がインド・アラビア数字を採用したとき、ゼロも採用した。インドでゼロを指した言葉は、sunya で、「何もない」という意味だった。アラブ人はこれを sifr に変えた。西洋の学者のなかに、この新しい数を他の学者に伝えるときに、sifr をラテン語らしい響きのある言葉に変えたものがいた。こうして、zephirus という言葉が生まれた。ゼロという言葉のおおもとだ。他の西洋の学者たちは、この言葉を大きくは変えず、ゼロを cifra と呼び、それが cipher となった。新しい数の体系にとってゼロはあまりに重要だったので、人々はすべての数を cipher と呼ぶようになった。フランス語で数字を意味する chiffre という言葉はこうして生まれた。

しかし、アル＝フワリズミがインドの数体系について書いていたとき、西洋世界はゼロを採用するにはほど遠かった。東洋の伝統をもつイスラム世界でさえ、アレクサンドロス大王の征服のおかげでアリストテレスの教えに大きく影響されていた。ところが、インドの数学者がはっきり示していたように、ゼロは無を体現するものだった。イスラム教徒がゼロを受け入れるには、アリストテレスを斥けなければならなかった。イスラム教徒はまさにそれをやったのだ。

一二世紀のユダヤの学者モーセス・マイモニデスは、恐怖をあらわにして、カラム――イスラム神学者の信念――のことを書き記している。イスラム神学者たちは、アリストテレスによる神の証明を受け入れず、アリストテレス哲学の古くからのライバルである原子論に基づいて議論を立てた。原子論は広く支持されてはいなかったが、何とか生き残っていた。思い出していただきたい。原子論者によれば、物質は、アトム（原子）と呼ばれる粒子からなり、こうした粒子が動き回ることができるとしたら、その間に真空がなければならない。さもなければ、原子はぶつかりあって、身動きがとれない。

イスラムは原子論者の考えに飛びついた。何しろ、今やゼロがあるのだから、無は再び立派な概念となったのだ。アリストテレスは無を嫌った。原子論者は無を必要とした。聖書は無からの創造について語っていたが、ギリシアの教義はその可能性を斥けていた。キリスト教徒はギリシア哲学の力の前にひれ伏し、聖書よりアリストテレスを選んだ。一方、イスラムは逆の選択をした。

私は私である：無

無は存在であり、存在は無である。……限られた私たちの精神は、これを理解することも推測することもできない。それは無限の一部なのだ。

ヘローナのアズラエル

ゼロは、新しい教えの象徴だった。アリストテレスを斥け、無と無限を受け入れる考えの象徴だった。イスラムが拡がるにつれて、ゼロはイスラム教徒が支配する世界全体に浸透し、いたるところでアリストテレスの教義と衝突した。イスラム学者はあちこちで闘い、一一世紀にイスラム哲学者アブ・ハミド・アル゠ガザーリが、アリストテレスの教義にしがみつくのは、死をもって罰せられるべき罪だと断言した。論争は、その後ほどなく終わった。

ゼロがこれほどの軋轢《あつれき》を引き起こしたのは、驚きではない。オリエントのセム族の文化を背景とするイスラム教徒は、神は宇宙を無から創造したと信じていた。無と無限を嫌うアリストテレスの態度を人々が受け継いでいたところではけっして受け入れられなかった教義だ。ゼロがアラブ世界全体に拡がるにつれて、イスラム教徒はこれを受け入れ、アリストテレスを斥けた。ユダヤ人がこれにつづいた。

数千年前からユダヤ人の暮らしの中心は中東にしっかり根づいていたが、一〇世紀にスペインでユダヤ人にとって好機が生じた。カリフのアブド・アル゠ラーマン三世の大臣の一人であるユダヤ人が、バビロニアから多くの知識人を呼び寄せたのだ。まもなく大きなユダヤ人社会がイスラム国スペインで栄えるようになった。

中世初期のユダヤ人は、スペインでもバビロニアでもアリストテレスの教義を固く信じていた。キリスト教徒と同じく、無限なるものや無の存在を信じようとしなかった。ところが、アリストテレス哲学は、イスラムの教えと衝突したのと同じように、ユダヤ教の神学とも衝突した。これがきっかけで、一二世紀のラビ、マイモニデスは、セム的な東洋の聖書と、ヨーロッパに浸透していたギリシア的な西洋哲学を和解させる書物を書いた。

マイモニデスはアリストテレスから、無限を否定することによって神の存在を証明するすべを学んでいた。ギリシアの議論を忠実に再現して、地球のまわりを回るうつろな天球は、何かほかのもの、たとえば、そのすぐ外にある天球に動かされているはずだと主張した。しかし、すぐ外の天球も何か――そのまたすぐ外にある天球――に動かされているはずだ。ところが、天球が無限にあるはずはないから（何しろ、無限などありえないので）、いちばん外にある天球を何かが動かしているはずだ。その何かこそ、第一動者、神である。

マイモニデスの議論は、まさしく神の存在の〝証明〟――どんな神学でもきわめて貴重なもの――だった。だが、同時に聖書などのセム族の伝統は無限と無の考えに満ちていた。イスラム教徒はそれらをすでに受け入れていた。それより八〇〇年前に聖アウグスティヌスがしたように、マイモニデスはセム的な聖書を修正して、無への不合理な恐れをもつギリシアの教義に合わせようとした。しかし、初期のキリスト教徒が旧約聖書のところどころを比喩と解釈したのと違い、自らの宗教を完全にギリシア化してしまうことに気が進まなかった。ラビの伝統にしたがって、宇宙が無から創造されたという聖書の記述を受け入れた。これは、アリストテレスと矛盾することを意味した。

マイモニデスは、宇宙は常に存在していたというアリストテレスの証明には欠陥があると論じた。何といっても、聖書と矛盾していた。もちろん、これは、アリストテレスの考えを捨てなければならないということだった。アリストテレスがいくら真空を御法度としても、マイモニデスは、創造の御業は無からおこなわれたのだと述べた。それは無からの創造だった。この一言で、無は神聖なものを冒瀆するものから神聖なものになった。

ユダヤ人にとって、マイモニデスの死後の時代は無の時代となった。一三世紀に入ると新しい教義が広まった。カバラ主義、つまりユダヤ教神秘主義だ。カバラ主義思想の主眼は、ゲマトリア——聖書の文言に秘められたメッセージの探究——だった。ギリシア人と同じく、ヘブライ人はアルファベットの文字で数を表したので、一つ一つの言葉に数値があった。このことは、言葉に隠された意味を解釈するのに利用できた。たとえば、湾岸戦争に参加した人々は、サダム（Saddam）という名前が次のような数値をもつことに気づいたかもしれない。Sに当たるサーメク(60)＋Aに当たるアーレフ(1)＋Dに当たるダーレス(4)＋アーレフ(1)＋Mに当たるメーム(600)＝666——世界の終末に現れる邪悪なけだものと関係しているとキリスト教徒が考える数だ（サダムのつづりにダーレスが二つあるか一つしかないかは、カバラ主義者にとってどうでもよかった。カバラ主義者は、うまい数が出るよう言葉のつづりに手を加えることがしばしばあった）。カバラ主義者は、同じ数値をもつ語句は神秘的な仕方でつながっていると考えた。たとえば、『創世記』第四九章第一〇節にはこうある、「笏《しゃく》がユダを離れることはない。……シロが訪れるまで」。「シロが訪れるまで」という意味のヘブライ語は数値が三五八で、meshiachという言葉、つまり救世主《メシア》を指すヘブライ語と同じだ。ゆえに、この一節はメシアの到来を予言しているというわけだ。カバラ主義者は、ある数は神聖で、ある数は邪悪だと考えた。そして、聖書を読み通し、さまざまな仕方で聖書を調べて、こうした数と隠された意味を探した。近年ベストセラーになった『聖書の暗号』は、この方法で予言を見つけようというものだ。

　カバラは単なる計算ではない。この伝統はあまりに神秘主義的なので、学者のなかには、ヒンドゥー教によく似ていると言う者もいる。たとえば、カバラは神の二重性という考えに頼った。〝無限〟を意味するヘブライ語の ein sof（エン・ソフ）は、神に備わる、創造者としての側面、神性のうち、宇宙をつくり、宇宙の隅々に浸透する部分を表した。だが、神には別の名前もあった。ayin、つまり〝無〟だ。無限と無は相伴い、ともに創造神の一部である。ayin という言葉はヘブライ語で〝私〟という意味の aniy という言葉のアナグラムだ（したがって、同じ数値をもつ）。意味は明らかである。神は暗号でこう言っているのだ。〝私は無である〟。そして同時に、無限であると。

ユダヤ人は西洋の感性と東洋の聖書を対立させたが、同じ闘いはキリスト教世界でも繰り広げられていた。キリスト教徒がイスラム教徒と闘っていたとき――九世紀のシャルルマーニュの治世と、一一〜一三世紀の十字軍の時代――にさえ、戦士修道士、学者、貿易商がイスラム思想を西洋世界に持ち帰りはじめた。アラブ人が発明した天体観測機であるアストロラーベが、夜に時間を知るのに便利な道具であり、決められた時間にお祈りをするのに役立つことに修道士たちは気づいた。そして、アストロラーベには、しばしばアラビア数字が刻み込まれていた。

一〇世紀の教皇シルヴェステル二世がアラビア数字を愛好したにもかかわらず、この新しい数字は広まらなかった。教皇はスペインを訪れたときにアラビア数字を知り、イタリアに持ち帰ったのだろう。しかし、教皇が知ったアラビア数字にはゼロがなかった。ゼロがあったらなおさら人気がなかったろう。アリストテレスはまだ教会をしっかり支配していて、どんなに優れた思想家も、無限に大きなもの、無限に小さなもの、無を斥けた。一三世紀に十字軍が終わっても、聖トマス・アクイナスは、神が無限なるものをつくるなどというのは、学のある馬をつくるようなもので、そんなことはありえないと言い放った。しかし、だからといって、神が全能でないわけではなかった。神が全能でないという考えは、キリスト教神学で御法度だった。

一二七七年、パリの司教エチエンヌ・タンピエが、アリストテレス哲学を論じるため、という より攻撃すべく、学者を呼び集めて会議を開いた。タンピエは、神が全能であるという考えと矛盾するアリストテレスの多くの教義を禁止した。たとえば、「神は天を一直線に動かすことはできない。というのも、そうすると、後に真空が残ることになるからだ」（回転する天球は何の問題も起こさない。回転しても同じ空間を占めているからだ。天球が入っていくべき空間がなければならず、また、動いた後に空間が残らざるをえないのは、天球を一直線に動かすときだけだ）。神は、つくりたければ、真空をつくることができる。突然、無は許されるようになった。万能の神は、アリストテレスの規則にしたがいたくなければ、したがわなくてもいいからだ。

タンピエの宣告はアリストテレス哲学への最後の一撃ではなかったが、この哲学が崩れつつあるあかしではあった。教会はさらに数百年アリストテレスにしがみつきつづけるのだが、アリストテレスの没落と、無と無限の台頭は明らかにはじまっていた。ゼロが西洋世界に到来するのに好都合な時代だった。一二世紀半ば、アル＝フワリズミの *Al-jabr* の最初の翻訳がスペイン、イングランド、ヨーロッパのその他の地域に入ってきていた。ゼロは迫ってきていたのであり、教会がアリストテレス哲学の足かせを断ち切るとすぐに登場した。

ゼロの勝利

……この概念は、あまりに単純明快に見えるために、私たちがその真の長所を見過ごしてしまっている意味深い重要な概念である。だが、まさにその単純さのおかげで、また、この概念によってあらゆる計算が容易になっているおかげで、私たちの算術は第一級の有用な発明になっているのだ。

ピエール＝シモン・ラプラス

キリスト教は当初、ゼロを斥けたが、まもなく貿易にゼロが必要になった。ゼロを西洋世界に再導入したのは、ピサのレオナルドだった。イタリアの貿易商の息子だったレオナルドは北アフリカに旅した。そこで、若きピサのレオナルド――というよりむしろフィボナッチの名で知られている人物――は、イスラム教徒から数学を学び、まもなくれっきとした数学者となった。

フィボナッチは、一二〇二年に出版した『算盤の書（リーベル・アバキ）』という本で取るに足りない問題を掲げたことでもっともよく知られている。こんなことを想像しよう。

ある農家にウサギの赤ちゃんが一つがいいる。ウサギの赤ちゃんは、ふた月で大人になる。そして、毎月はじめに子供を雄雌一匹ずつつくる。さらに、この子ウサギたちも成長して、子供をつくる。では、それぞれの月にどれだけのウサギがいるだろう。

一月目には、ウサギが一つがいいるが、大人になっていないから、子供をつくれない。

二月目にも、一つがいしかいない。

しかし、三月目のはじめには、最初のつがいが子供をつくる。つがいが二つできた。四番目の月のはじめには、最初のつがいがまた子供をつくるが、第二のつがいはまだ十分に成長していない。つがいの数は三。

次の月には、最初のつがいが子供をつくり、第二のつがいも、大人になったので、子供をつくるが、第三のつがいはまだ若すぎる。ウサギのつがいは二つ増えた。合わせて五つ。ウサギの数は次のようになる。1, 1, 2, 3, 5, 8, 13, 21, 34, 55…。どの月のウサギの数も、その前の二つの月のウサギの数の和である。数学者は即座に、この数列の重要性に気づいた。それぞれの項をその直前の項で割ってみればいい。たとえば、8／5＝1.6, 13／8＝1.625, 21／13＝1.61538…。比は、興味深い数に近づいていく。その数とは黄金比の1.61803…だ。

ピュタゴラスは、自然が黄金比に支配されているらしいことに気づいていた。フィボナッチは、黄金比を生みだす数列を発見した。オウムガイの貝殻の小室の大きさも、パイナップルの時計回りの溝の数と反時計回りの溝の数も、この数列に支配されている。だから、その比は黄金比に近づいていくのだ。

この数列はフィボナッチに名声をもたらしたが、フィボナッチの『算盤の書』には、動物の飼育よりずっと重要な目的があった。フィボナッチはイスラム教徒から数学を学んだので、ゼロを含むアラビア数字について知っていた。『算盤の書』にこの新しい体系を盛り込み、ついにゼロをヨーロッパに導入したのだ。この本は、複雑な計算をするのにアラビア数字がいかに便利かを示しており、イタリアの商人や銀行家はすぐに、ゼロを含め新しい体系に飛びついた。

アラビア数字が使われるようになる前は、かねを数えるのに、算盤あるいは計算盤で間に合わせなければならなかった。ドイツ人は計算盤を Rechenbank と呼んだ。銀行を意味する bank という言葉はここからきている。当時、銀行業務の方法は原始的なものだった。計算盤ばかりでなく、タリースティック（割符）という棒きれを用いて貸出しを記録した。タリースティックは側面に金額が書かれて、二つに割られた（図16）。貸手は、stock と呼ばれた大きいほうの断片を手元に置いた。何しろ、貸手こそ stockholder（株主）なのだ。*

＊タリースティックは、限りなく問題を引き起こした。イングランドの国庫は一八二六年までタリ

図16　タリースティック

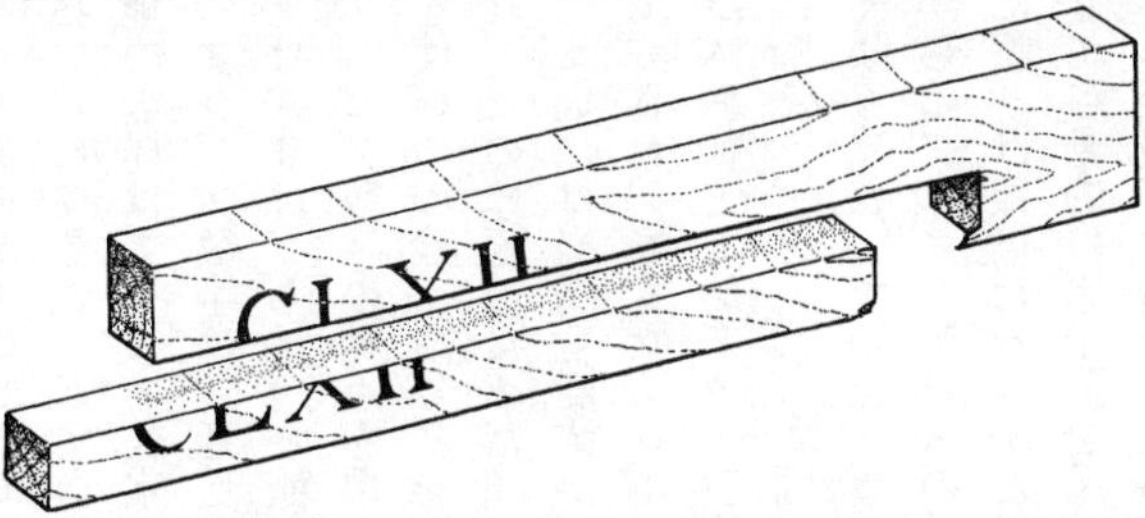

ースティックの一種で会計をおこなっていた。とっくに時代遅れになっていた慣習がどんな結果を招いたかをチャールズ・ディッケンズが語っている。「一八三四年には、これが相当蓄積されていることがわかった。そこで問題が持ち上がった。このような使い古され虫に食われて朽ちた古い木片の数々をどうすべきか。棒きれはウェストミンスターに置かれていた。そこで、知性のある人なら誰でも当然あることを思いついた。それは、その近辺で暮らしているあわれな人々に、たきぎとして持っていかせるのが、いちばん手っとり早いということだった。しかし、こうした棒きれは役立てられたためしがなかったし、お役所の慣例にしたがえば、けっして役立てられてはいけなかった。それで、密かに燃やすようにとの命令が下った。そして、上院のストーブで燃やされることになった。このばかげた棒きれを詰め込みすぎたストーブから羽目板に火が移り、羽目板から下院に火が移って、両院は灰塵《かいじん》に帰した。新たに議院を建てるために建築家が呼び集められた。私たちはまだ何百万ポンドにも上る費用のうち一〇〇万を払っただけだ」

イタリアの商人はアラビア数字を好んだ。アラビア数字のおかげで、銀行家は計算盤をお払い箱にすることができた。ところが、実業家がアラビア数字の有用さを認める一方で、各地の当局はアラビア数字を嫌った。一二九九年、フィレンツェはアラビア数字を禁止した。アラビア数字は、変更しやすく偽造しやすいというのが、その理由だったようだ（たとえば、0は、ちょっと飾りをつけるだけで6に変えることができる）。だがゼロをはじめアラビア数字の利点を用いずにいるのはむずかしかった。イタリアの商人はアラビア数字を使いつづけ、暗号文を送るのにも使った。英語の cipher が「暗号」を意味するようになったのはそのためだ。

しまいには当局も商業からの圧力の前に態度を軟化させた。アラビア式記数法はイタリアで許され、まもなくヨーロッパ中に広まった。ゼロが到来したのだ——無とともに。イスラム教徒とヒンドゥー教徒の影響のおかげでアリストテレスの壁は崩れていき、一五世紀になると、どんなに頑固にアリストテレス哲学を支持するヨーロッパ人も少しは疑いを抱くようになっていた。カンタベリーの大司教となるトーマス・ブラドワディーンは、古くからのアリストテレスの敵である原子論を論破しようとした。そして同時に、自分の論理に誤りはないだろうかと考えた。ブラドワディーンは、幾何学に基づいて議論を立てた。そして自動的に原子論を斥けた。アリストテレスとの闘いはまだ先が長かった。アリストテレスが没落するとしたら、アリストテレスによる神の証明——教会の砦——はもはや妥当ではなくなる。新たな証明が必要だった。

そして、さらに悪いことに、宇宙が無限なら、中心などありえない。それでは、どうして地球が宇宙の中心たりえるのか。その答えはゼロのうちに見いだされた。

第4章　無限なる、無の神——ゼロの神学

新しい学問はすべてに疑問を投げかける。
火の元素は消し去られた。
太陽、それに地球も失われ、
何人の知恵をもってしても、それをどこに探すべきかはわから
ない……
すべてがばらばらになり、あらゆる一貫性が消え去った。
あらゆる公正な相互扶助、そして、あらゆる関係が。
君主も臣下も父も息子も忘れ去られた。

ジョン・ダン『この世の解剖』

ゼロと無限はルネサンスのまさに中心にあった。ヨーロッパが暗黒時代からゆっくりと目覚めるにつれて、空虚と無限——無《ナッシング》とすべて《エブリシング》——が、教会の土台をなすアリストテ

レス哲学を破壊し、科学革命に道を開くことになる。
はじめ、教皇は危険に気づいていなかった。無と無限という危険な概念は、教会がとりわけ大事にしていた古代ギリシア哲学の核心に打撃を加えるものだったにもかかわらず、高位の聖職者はこれら危険な概念で思索を試みた。ゼロはルネサンスの絵画すべての中心になっていたし、ある枢機卿は、宇宙は無限である——果てがない——と言い放った。しかし、ゼロおよび無限への熱中は長続きはしなかった。

教会は地位がおびやかされると、昔ながらの哲学に引きこもった。長年支えとしてきたアリストテレスの教義に戻ったのだ。だが、手遅れだった。ゼロは西洋をとらえてしまい、教皇が反対しても、強すぎてもはや追放できなかった。アリストテレスは無限と無の前に崩れ落ちた。そして、アリストテレスによる神の存在の証明も。

教会には選択肢は一つしか残っていなかった。ゼロと無限を受け入れることだ。信心深い者にとって、神は無と無限のうちに隠されているのを見つけることができた。

クルミの殻が割られる

おれは、クルミの殻に閉じ込められたとしても、自分は無限の宇宙の帝王だと思っていられるんだ。悪い夢を見ているのでもなければ。

ウィリアム・シェイクスピア『ハムレット』

ルネサンスのはじめには、ゼロが教会にとって脅威となることは明らかではなかった。ゼロは美術上の道具、視覚芸術におけるルネサンスの先触れとなる無限の無だった。一五世紀以前、絵画はおおむね平板で生気がなかった。絵画に描かれた像は、ゆがめられていて、二次元的だった。巨大で厚みのない騎士が、小さくてゆがんだ城から外を覗いていた（図17）。どんなに優れた芸術家も写実的な絵を描けなかった。ゼロの力を利用するすべを知らなかったのだ。

無限のゼロの力をはじめて証明したのは、イタリアの建築家、フィリッポ・ブルネレスキだった。ブルネレスキは消失点を用いて写実的な絵を生みだした。

定義上、点はゼロ次元だ。日々の暮らしのなかで、私たちは三次元の事物を扱っている（実は、のちの章で見るとおり、私たちの世界が四次元であることをアインシュタインが明らかにした）。鏡台の上の時計、朝コーヒーを飲むのに使ったカップ、今読んでいる本――どれも三次元の物体だ。では、こんなことを想像しよう。巨大な手が上から伸びてきて、本をぺちゃんこに潰してしまう。本は今や三次元の物体ではなく、のっぺりとしたぺらぺらの長方形だ。次元を一つ失ったのだ。縦の長さと横の幅はあるが、厚さ、つまり高

図17　厚みのない騎士と、ゆがんだ城

図18　消失点

さがない。今や二次元である。さらに、こう想像しよう。巨大な手が、側面を下にして本を立て、再び潰す。本はもはや長方形ではない。線分だ。また一つ次元を失った。高さも横幅もなく、長さがあるだけだ。一次元の物体である。そして、唯一残ったこの次元さえ取り去ることができる。長さの方向に潰せば、線は点となる。長さも幅も高さもない無限小の無だ。点はゼロ次元の物体である。

一四二五年、ブルネレスキは、フィレンツェの有名な建物である洗礼堂の絵の中心にそのような点を置いた。このゼロ次元の対象、消失点は、絵を見る者から無限に遠い地点を表すカンバス上の無限小の点である（図18）。事物は絵の奥のほうに後退するほど消失点に近づく。そうして絵を見る者から遠ざかるほど圧縮される。ある程度以上遠く離れたもの――人間、木、建物——はすべてゼロ次元の点に押し込まれ、消え去る。絵の中心のゼロには無限の空間がおさまっている。

矛盾しているように見えるこの消失点のおかげで、ブルネレスキの絵は、実物と見分けがつかないくらい三次元の洗礼堂を見事に写し取ったものになった。現に、ブルネレスキが鏡を使って、絵と洗礼堂を見くらべたところ、鏡に映った絵は建物の幾何学的構造とぴったり一致した。消失点によって、二次元の絵が三次元の建物の完璧な模写になったのだ。

ゼロと無限が消失点で結びついているのは偶然ではない。ゼロを掛けると数直線が一点に潰れてしまうのと同じように、消失点は宇宙の大半を一点に押し込んでしまう。これは特異点である。のちに科学史上重要になった概念だ。だが、この早い時期には数学者もゼロの性質について芸術家とくらべてそれほど多くのことを知っていたわけではない。そもそも、一五世紀には芸術家はアマチュア数学者だった。レオナルド・ダヴィンチは遠近法で絵をかくための手引き書を書いた。そして、絵画についての別の本のなかでこう警告している。「数学者でない人に私の本を読ませないように」。こうした数学者芸術家たちは遠近法（透視画法）を完成させ、まもなく好きな事物を三次元で描けるようになった。もはや芸術家の描く絵は平べったい絵に限られなかった。ゼロによって芸術の世界は変容した。

ゼロは文字どおりブルネレスキの絵の中心にあった。教会の教義はまだアリストテレスの思想に依存していたが、その教会もゼロと無限に手を出した。ブルネレスキの同時代人であるドイツの枢機卿ニコラウス・クザーヌス（クザのニコラウス）は、無限を見て、ただちに宣言した。"Terra non est centra mundi"、つまり、地球は宇宙の中心ではないと。この考えがどれほど危険であり、どれほど革命的であるか、教会はまだ気づいていなかった。

中世のアリストテレス哲学の教義が宣言した命題の一つ――真空という考えの禁止におとらず強く主張されたもの――が、地球は無比の存在だという言明だった。地球は、宇宙のまさに中心にあった。宇宙の中心という特別な位置を占めるがゆえに、生命を抱えることができるただ一つの世界だった。アリストテレスによれば、あらゆる事物は、しかるべき位置を見つけるのだから、岩や人間のような重い物体は地上に属し、空気のような軽い物体は天に属していた。このことは、惑星が――天にあるから――軽い、空気のようなものでできていることを意味しただけでなく、天にいる人間は当然地上に落ちるということでもあった。つまり、生き物は、クルミの殻のような宇宙の中心にあるクルミにしか住めなかった。生命のある惑星が他にあるというのは、球に中心が二つあるのにおとらずばかげていた。

全能の神はそう欲するなら真空を創造できると言い放ったとき、タンピエは、神はアリストテレスの法則をどれでも破ることができると主張したのだ。したいと思えば、神は他の世界でも生命を創造できる。他にも地球のような惑星が何千とあり、それぞれが生物に満ちているかもしれない。アリストテレスが同意しようがしまいが、神にはその力がある。ニコラウス・クザーヌスは大胆にも、神はそうしたにちがいないと言った。「他の星の世界もこの世界と似ている。どれにも住人がいると私たちは信じる」。空には無限の数の恒星が散らばっている。惑星は天で輝き、月も太陽もそれぞれ光を放つ。天の星々が、私たちの知っている惑星や月や太陽と同じようなものだということが、どうしてありえないだろうか。私たちの天空で星々が輝いているように、こうした星々の天空では地球も明るく輝いているかもしれない。ニコラウス・クザーヌスは、神は実際に他にも無限個の世界を創造したと確信していた。地球はもはや宇宙の中心にはなかった。それでもニコラウス・クザーヌスは異端だとは宣告されず、教会は新しい思想に逆らわなかった。

　この間、別のニコラウスがクザーヌスの哲学を科学理論にした。地球が宇宙の中心ではないことを、ニコラウス・コペルニクスが証明したのだ。地球は太陽のまわりを回っているのである。

　ポーランドの修道士にして医師だったコペルニクスは、数学を学んだので、患者の治療に使うために占星術表をつくることができた。そして、惑星や恒星の問題をかじってみて、惑星の動きをとらえる古いギリシアの体系がいかに複雑であるかがわかった。プトレマイオスの時計仕掛けの天空——地球が中心にある天空——は、きわめて正確だった。しかし、恐ろしく複雑でもあった。惑星は一年を通じて天をめぐるが、しばしば立ち止まり、後戻りし、また前進することもある。惑星の奇妙な振る舞いを説明するために、プトレマイオスは、惑星の時計仕掛けに周転円を加えた。円の上を進む小さな円を考えれば、惑星の後戻り、逆行の説明がつく（図19）。

コペルニクスの考えの威力は、その単純さにあった。周転円だらけの時計仕掛けの宇宙の中心に地球があるのではなく、太陽が中心にあり、惑星は単純な円運動をしているとコペルニクスは想像した。地球が追いつくと惑星は逆戻りするように見える。周転円など要らなかった。コペルニクスの体系は、データと完全には一致しなかった――太陽中心説は正しかったが、円軌道の考えは間違っていた――ものの、プトレマイオスの体系よりずっと単純だった。地球は太陽のまわりを回っていた。"Terra non est centra mundi"

ニコラウス・クザーヌスとニコラウス・コペルニクスは、アリストテレスとプトレマイオスの、クルミの殻のような宇宙を割って開けてしまった。もはや地球は宇宙の中心に鎮座してはいなかった。宇宙を抱え込んだ殻などなかった。宇宙は無限に拡がり、そこには無数の世界が散らばり、それぞれに謎の生物が住んでいた。しかし、ローマ教皇庁は、その権威が他の惑星系に及びえなければ、どうして、ただ一つの本当の教会の総本山だと主張できようか。他の惑星には他の教皇がいるのか。カトリック教会がぞっとするような宇宙観だった。カトリック教会は、この惑星で支配下にある者たちにさえ手を焼きはじめて

図19　周転円、逆行、太陽中心説

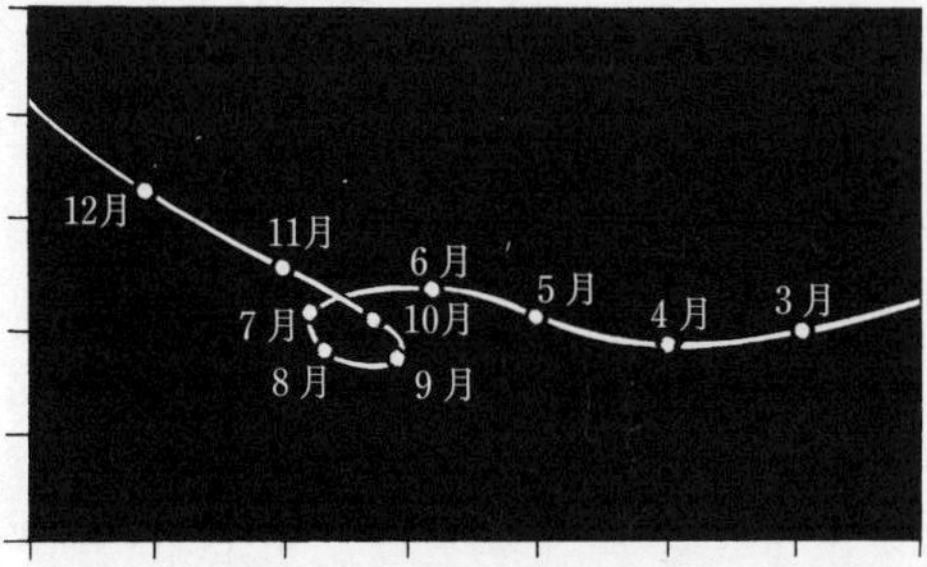

火星の逆行運動（実際の記録）

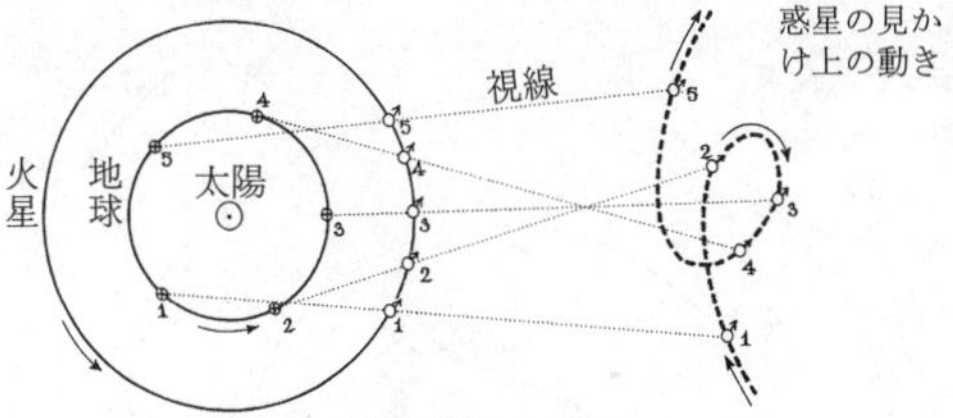

コペルニクスによる逆行運動の説明

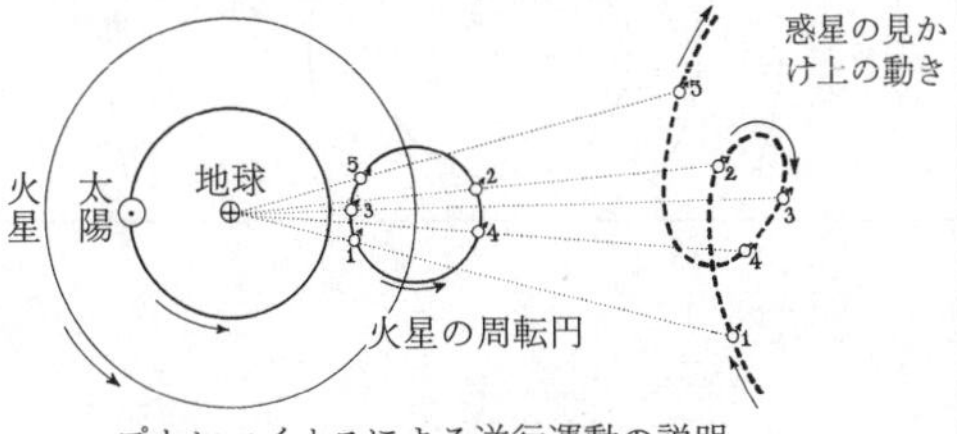

プトレマイオスによる逆行運動の説明

図19　周転円、逆行、太陽中心説（つづき）

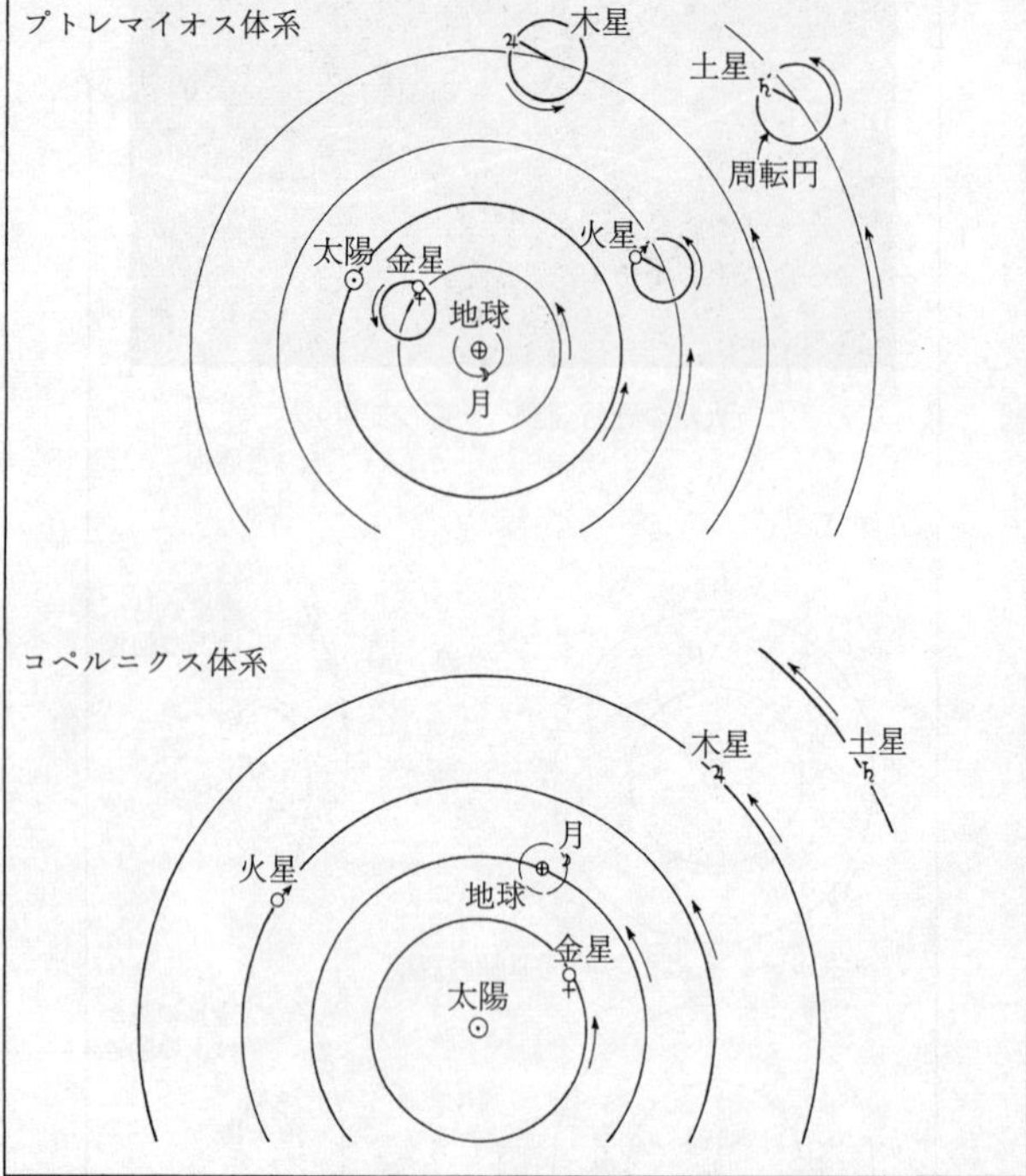

いたのだから、なおさらそうだった。

コペルニクスは死の床で大著を出版した。一五四三年、教会が新しい考えを締めつけはじめる直前のことだった。コペルニクスの本『天体の回転について』は教皇パウロ三世に捧げられていた。しかし、教会は攻撃を受けていた。そのため、新しい考え――アリストテレスに疑問を投げかける考え――はもはや容認できなかった。

教会への攻撃は一五一七年に本格的にはじまった。便秘に悩むドイツの一修道士がヴィッテンベルクの教会の扉に苦情のリストを釘付けにした（ルターが便秘に悩んでいたというのは伝説になっている。ルターが偉大な啓示を受けたのは、便所で腰を下ろしていたときのことだったと考える学者もいる。この説を論評したある文章では、「ルターが恐怖による束縛から解放されたのは、ルターの腸が苦痛から解放されたのと時を同じくしていた」と述べられている）。これこそ、宗教改革のはじまりだった。いたるところで知識人が教皇の権威を拒絶しはじめた。一五三〇年代までに、整然と王位継承がおこなわれるよう、ヘンリー八世は教皇の権威をはねつけ、自らイングランドの教会の長だと宣言した。

カトリック教会は反撃しなければならなかった。数百年にわたって他のさまざまな哲学を試してみたものの、分裂の脅威にさらされると、いま一度正統派哲学に立ち戻った。正統的な教え――アリストテレスによる神の存在の証明と、聖アウグスティヌスやボエティウスのような学者の、アリストテレスに基づいた哲学――に立ち返った。もはや、枢機卿や司祭は古来の教義に疑問を投げかけることはできなかった。ゼロは異端だった。クルミの殻のような宇宙を受け入れなければならなかった。無と無限は排除された。こうした教えを広めた重要な集団の一つが、一五三〇年代に創設された。イエズス会だ。新教を攻撃するのに適した、高度な教育を受けた知識人の集団だった。教会には他にも異端と闘う手段があった。スペインでは一五四三年に異端審問によって、プロテスタントが火あぶりにされはじめた。コペルニクスが死んだのと同じ年であり、教皇パウロ三世が禁書目録を発表したのと同じ年だ。反宗教改革は、新しい思想を押しつぶすことによって古い秩序を建て直そうとする教会の試みだった。一三世紀にエチエンヌ・タンピエが、また一五世紀にニコラウス・クザーヌスが抱いたのと同じ考えを一六世紀に抱くことは死刑を意味した。

不幸なジョルダーノ・ブルーノの身に起こったのは、まさにそれだった。一五八〇年代に、もともとドミニコ会修道士だったブルーノは、『無限、宇宙および諸世界について』を出版し、そこで、ニコラウス・クザーヌスと同じく、地球は宇宙の中心ではなく、私たちの世界と同じような世界が無限にあると唱えた。そして一六〇〇年に火あぶりにされた。一六一六年には、やはりドミニコ会修道士だった有名なガリレオ・ガリレイが、科学的研究をやめるよう教会から命じられた。同じ年、コペルニクスの『天体の回転について』が禁書目録に載せられた。アリストテレスへの攻撃は教会への攻撃と見なされた。

教会が反宗教改革をおこなったにもかかわらず、新しい哲学は容易には消滅しなかった。

コペルニクスの後継者たちによる研究のおかげで、むしろ強くなっていった。一七世紀はじめ、やはり占星術師修道士だったヨハネス・ケプラーがコペルニクスの説を改良して、プトレマイオスの体系より正確なものにした。地球を含む惑星は、円ではなく楕円を描いて太陽のまわりを回るというのだった。天空の惑星の運動はこれで実に正確に説明できた。もはや天文学者は、太陽中心説は地球中心説より劣っていると反論することはできなかった。ケプラーのモデルはプトレマイオスのものより単純で、しかも正確だった。教会が反対したにもかかわらず、ケプラーの太陽中心の体系は優勢になる。ケプラーは正しく、アリストテレスは間違っていたからだ。

教会は古い考え方に開いた穴をつくろおうとしたが、アリストテレス、地球中心の世界、封建的生活様式は致命的な傷を負っていた。何千年にもわたって哲学者たちが当たり前と考えてきたことがことごとく疑いの目にさらされた。アリストテレスの体系は信頼できなかったが、斥けることもできなかった。これを斥けたら、当たり前のことと考えていいものとは何だろうか。何もない。文字どおり、無だ。

ゼロと無

私は、ある意味で神と無の中間にあるものだ。

ルネ・デカルト『方法序説』

ゼロと無限は、一六世紀と一七世紀に繰り広げられた哲学上の戦争のまさに中心にあった。無はアリストテレス哲学を弱め、無限に大きな宇宙という考えは、クルミの殻のような宇宙を打ち砕く力になった。地球は神の創造物の中心にはありえなかった。教皇庁は信者を支配する力を失い、カトリック教会はいっそう強くゼロと無を斥けようとしたが、ゼロはすでに根を下ろしていた。どんなに信心深い知識人も――イエズス会士たちも――古いアリストテレス的な考え方と、ゼロと無、無限大と無限なるものを受け入れる新しい哲学の間で引き裂かれていた。

ルネ・デカルトはイエズス会士として教育を受け、やはり新しいものと古いものの間で引き裂かれていた。無を斥けたが、自らの世界の中心に置いた。一五九六年にフランス中部で生まれたデカルトはゼロを数直線の中心にもってくることになり、また、神の存在の証明を無と無限に探し求めることになる。だが、アリストテレスを完全には拒絶できなかった。無を恐れるあまり、無の存在を否定したのだ。

ピュタゴラスと同じく、デカルトは数学者にして哲学者だった。もっとも長く残る遺産は、ある数学上の発明――今日私たちがデカルト座標と呼んでいるもの――かもしれない。中学・高校で幾何学を学んだ人なら誰でも、これを目にしている。空間のなかの点を表示

図20　デカルト座標

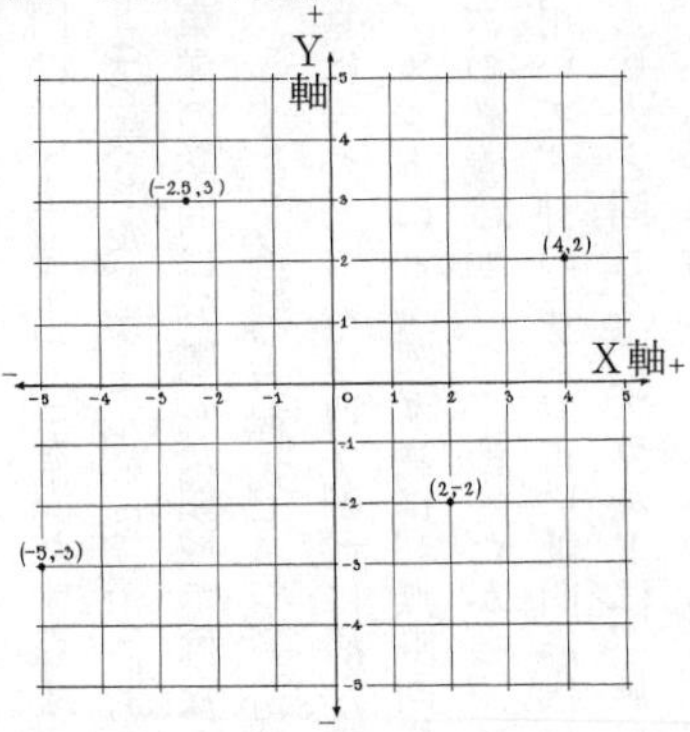

する、括弧に入れた数の組だ。たとえば、記号（4，2）は、右に4単位、上に2単位の点を表示する。しかし、何の右や上か。原点だ。ゼロである（図20）。

デカルトは、基準線つまり軸を1からはじめるわけにはいかないことに気づいた。そんなことをすれば、ビードが暦を修正したときにぶつかったのと似た誤りを犯すことになる。ビードと違って、デカルトは、アラビア数字が普及しているヨーロッパに生きていたので、ゼロから数えはじめた。座標系のまさに中心――二本の軸が交わるところ――にゼロがおさまった。原点、点（0，0）はデカルト座標系の基礎だった（デカルトの表記法は、今日私たちが用いているものとやや違っている。たとえば、デカルトは座標系を負の数にまで広げなかった。といっても、まもなく他の数学者たちがデカルトに代わってそれをやることになる)。

デカルトはたちまち、自分の座標系がいかに強力なものであるかに気づいた。これを使って、図形を方程式と数に変えた。デカルト座標を使えば、あらゆる幾何学的対象——正方形、三角形、曲線——を方程式、数学的関係で表現できた。たとえば、原点を中心とする円は、$x^2+y^2-1=0$を満たす点すべての集合として表せた。放物線は、たとえば、$y-x^2=0$と表せた。デカルトは数と形を統一した。もはや幾何という西洋の学問と代数という東洋の学問は分離した領域ではなかった。二つは同じものだった。あらゆる図形は、$f(x, y)$という形の方程式として表現できたのだから(図21)。ゼロは座標系の中心にあり、ゼロは一つ一つの幾何学図形に潜んでいた。

デカルトにとってゼロは、無限同様、神の領域に潜むものでもあった。古いアリストテレスの教義は崩れつつあったから、イエズス会士として教育に忠実にしたがい、無と無限を用いて、神の存在の古い証明に代わるものを考えだそうとした。

古代人と同じく、デカルトは、無からは何も、知識さえも創造できないと考えた。これは、あらゆる考え——あらゆる哲学、あらゆる概念、あらゆる将来の発見——は、人が生まれたときにその脳のなかにすでに存在しているということだ。学習とは、かつて定められた、宇宙の仕組みについての法則を発見する営みにほかならない。私たちの心のなかには無限にして完全なものの概念があるから、この無限にして完全なもの——神——は存在

図21　放物線、円、楕円曲線

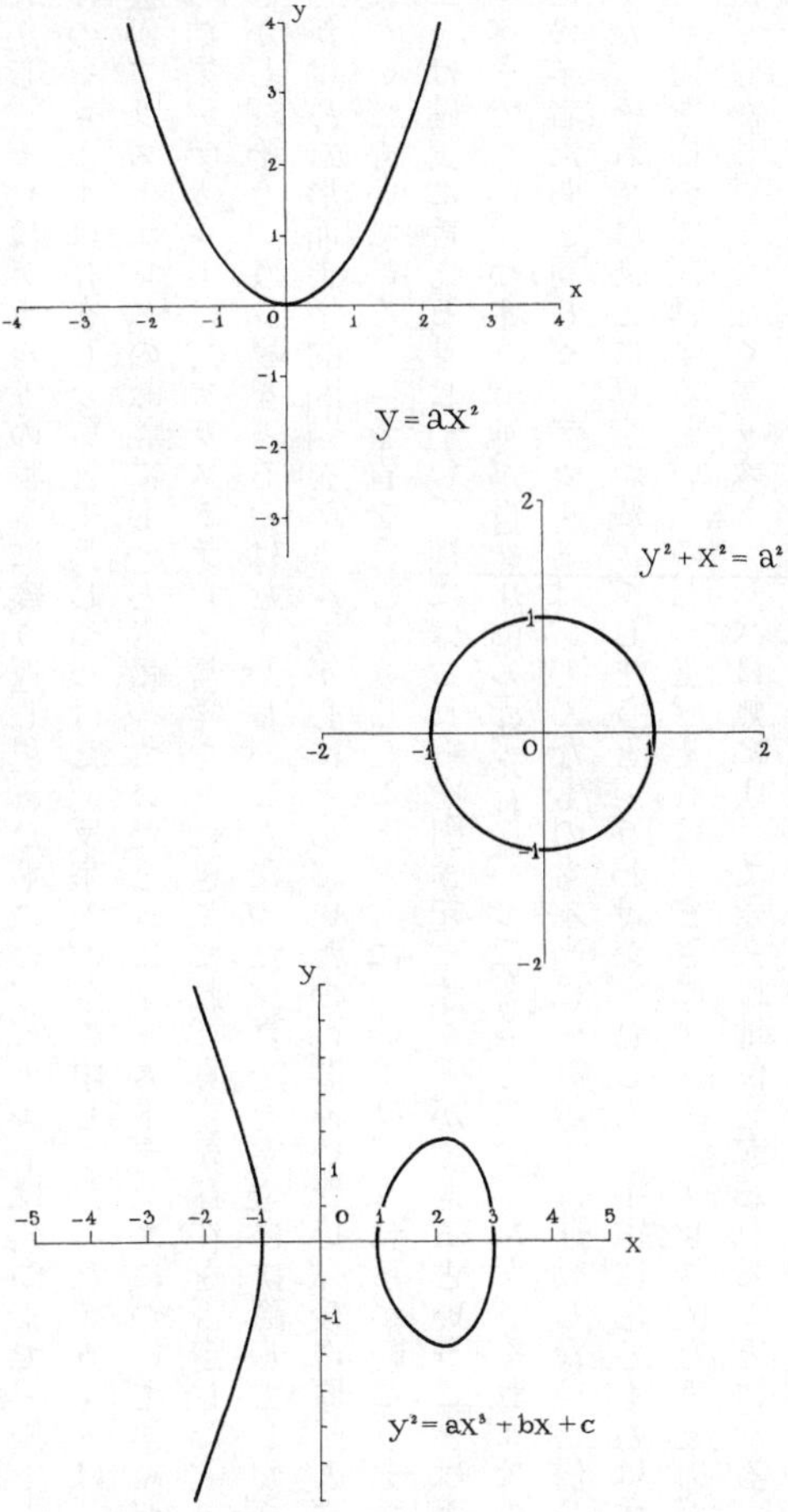

するはずだと、デカルトは論じた。他のものはすべて神以下である。有限なのだ。それらはすべて神と無の間のどこかにある。無とゼロを組み合わせたものだ。

しかし、ゼロはデカルトの哲学に繰り返し現れたものの、デカルトは死ぬまで、無――究極のゼロ――は存在しないと主張しつづけた。反宗教改革の申し子だったデカルトは、教会がアリストテレスの教義にもっとも頼っていたときにアリストテレスについて学んだ。その結果、デカルトは、アリストテレス哲学をたたきこまれ、真空の存在を否定した。

しかし、そういう立場をとるのはむずかしいことだった。真空を完全に排除してしまうことがはらむ形而上学的問題をデカルトが心にとめていたのは間違いない。後に原子と真空について書いている。「矛盾を含むこうしたことどもについては、これらが起こりえないことは確実に言える。しかし、神にはこれらを引き起こすことができるということは否定すべきでない。つまり、神が自然法則を変えれば、ということだ」。だが、それまでの中世の学者たちと同じく、デカルトは、どんなものも本当に一直線には運動しないと信じていた。それではあとに真空が残ってしまうというわけだ。むしろ、宇宙にあるものはすべて、円を描いて運動するというのだった、それは、まさにアリストテレス的な考え方だった。しかし、まもなくアリストテレスは無によって永久に地位を奪われることになる。

今日でも子供たちは「自然は真空を嫌う」という言葉を教えられる。この言葉がどこからきているのか、先生が理解していなくても。これは、真空は存在しないというアリストテレス哲学の延長である。誰かが真空をつくりだそうとしたら、自然は真空が生じるのを防ぐためにできるかぎりのことをするというのだ。これが正しくないことを――はじめて真空をつくりだすことによって――証明したのが、ガリレオの秘書エヴァンジェリスタ・トリチェッリだった。

イタリアでは職人が、巨大な注射器に似た一種のポンプを用いて、井戸や運河から水を汲み上げていた。このポンプは、ピストンが管にぴったりおさまっていて、管の下の端を水中に入れ、ピストンを引き上げると、水が上がってくるのだった。

ガリレオは、ある職人から、このポンプに問題があると聞いた。水を三三フィートぐらいまでしか吸い上げられないというのだ。その後は、ピストンを引き上げつづけても、水位は変わらなかった。これは興味深い現象であり、ガリレオは、この問題を助手のトリチェッリに任せた。一六四三年に、トリチェッリは、原因を突き止めようと、実験に取りかかった。一方の端をふさいだ管を水銀で満たした。そして、管を逆さにして、開いている端を、やはり水銀で満たしてある皿に突っ込んだ。トリチェッリが空中で管を逆さにしたのなら、水銀はこぼれ落ちてしまうと誰でも予想する。たちまち空気が取って代わるからだ。真空は生じない。ところが、水銀で満たした皿に入れて逆さにすると、水銀に変わって管を満たす空気などない。自然が本当にそれほど真空を嫌うのなら、真空が生じないよう、管のなかの水銀はそのままであるはずだ。水銀はそのままではなかった。少し下がり、いちばん上に空間ができた。その空間には何があるのか。持続する真空がつくりだされたのは、歴史上はじめてだった。

トリチェッリがどんな大きさの管を用いても、水銀は、最高点が皿から三〇インチほどになるまで下がった。別の見方をすれば、水銀はその上にある真空と闘って三〇インチしか上がれないのだ。自然は三〇インチまで真空を嫌う。デカルトと反対の考え方をする者でなければ、その理由を説明できなかった。

一六三二年、デカルトは二七歳、そして後にデカルトの論敵となるブレーズ・パスカルは〇歳だった。パスカルの父、エチエンヌは優秀な科学者にして数学者だった。若きブレーズは父親にひけをとらぬ天才だった。若くして、計算機、その名もパスカリーヌを発明した。電子計算機が発明される以前に技術者が使っていた計算機のなかに、これと似たものがある。

ブレーズが二三歳のとき、父が氷の上ですべって転び、太もも骨を折った。そして、ヤンセン主義者の一団から手当てを受けた。これは、おもにイエズス会への憎しみに基づいた教団に属するカトリック教徒だ。まもなくパスカル一家はそろってヤンセン主義に転向し、ブレーズは反イエズス会派、反・反宗教改革派になった。しかし、パスカルが新たに受け入れた宗教は、若き科学者であるパスカルにとって心地いいものではなかった。教団の創始者であるヤンセン司教は、科学は罪深いと宣言していた。自然界への好奇心は、肉欲と似たようなものだというのだ。幸い、パスカルの肉欲は宗教的情熱より強かった。それが証拠にパスカルは真空の秘密を解きあかすために科学を用いることになる。

パスカルが改宗した頃、エチエンヌの友人——軍事技術者——がやってきて、パスカル親子のためにトリチェッリの実験を再現してみせた。ブレーズ・パスカルは驚き、水、ワインなどいろいろな液体を使って、自ら実験をしはじめた。その成果が、一六四七年に出版された『真空に関する新しい実験』だった。この仕事では、最大の問題が未解決のまま残されていた。なぜ水銀は三〇インチ、水は三三フィートまでしか上昇しないのか。当時の諸説は、アリストテレス哲学の断片を救おうとして、自然の真空嫌いには〝限度がある〟と主張した。自然は有限量の真空を破壊できるだけだというのだ。パスカルは異なる考えを抱いた。

一六四八年の秋、パスカルは直観に促され、水銀で満たされた管を義兄にもたせて山に登らせた。山頂で、水銀は三〇インチよりかなり低い高さまでしか上がらなかった（図22）。自然は谷間の真空に動揺するほどには山頂の真空に動揺しないのだろうか。

パスカルにとって、この奇妙に思われる振る舞いは、管のなかの水銀を押し上げるのは真空への嫌悪ではないという証明だった。管のなかの水銀を押し上げているのは、皿のなかの水銀に上から圧力をかける大気の重みだった。皿のなかの液体にかかる気圧は——その液体が水銀であろうが、水であろうが、ワインであろうが——管のなかの液体の高さを

図22　パスカルの実験

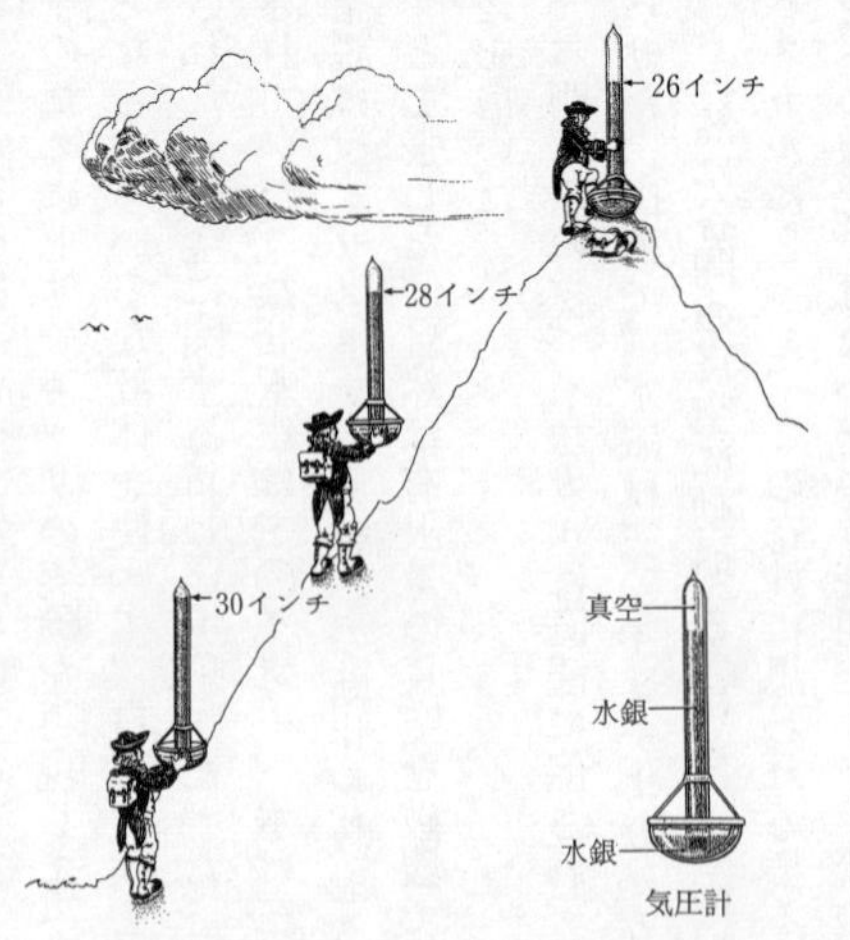

上昇させる。ちょうど、歯磨きのチューブの底をゆっくり潰すと、中身が口から飛び出すように。大気は無限に強くは押せないから、管のなかの水銀を三〇インチほどの高さまでしか押し上げられない。そして、山頂では、上から押してくる大気が少ないから、空気は水銀を三〇インチほどの高さまで押し上げることもできない。

ここがむずかしい点だ。真空が吸い上げるのではない。大気が押すのだ。しかし、パスカルの単純な実験は、自然は真空を嫌うというアリストテレスの主張を打破した。パスカルはこう書いている。「しかし、これまで誰も、こういう……見方をする者を見つけることができなかった。自然は真空に対して嫌悪を抱いていない、真空を避けようとはしていない、真空を難なく抵抗なく受け入れるという見方を」。アリストテレスは打倒され、科学者は無を恐れるのをやめて、無を研究しはじめた。

熱心なヤンセン主義者たるパスカルが神の存在の証明を捜し求めたのも、ゼロと無限のうちだった。パスカルは実に世俗的な仕方でそれを成し遂げた。

神の賭け

自然のなかの人間とは何か。無限に対しては無、無に対してはすべて、無とすべての間では中間だ。

ブレーズ・パスカル『パンセ』

パスカルは数学者であり科学者だった。科学者としては真空――無の本質――を研究した。数学者としては新しい分野をつくりだしてしまった。確率論だ。そしてパスカルが確率論をゼロおよび無限と組み合わせたとき、神を見いだした。

確率論は、金持ちの貴族が賭け事でもっとたくさんもうけられるよう考えだされた。パスカルの理論はきわめてうまくいったが、数学者人生は長続きしなかった。一六五四年一一月二三日、パスカルは強烈な霊的体験をする。ヤンセン主義者としての昔の反科学的信条がパスカルのなかで強まってきていたのかもしれないが、理由は何であれ、パスカルは、新たに抱いた信心に導かれて、数学と科学を捨て去ってしまった（ただし、四年後、束の間だが例外的に数学に立ち戻った。病のせいで眠れなかったとき、数学をやりはじめると、苦痛は消え去った。これは、自分がやった研究が神の機嫌を損ねていない証拠だとパスカルは考えた）。パスカルは神学者となった。だが、世俗的な過去から逃れることはできなかった。神の存在について議論するときですら、すぐに品の悪い賭け事好きのフランス人に戻ってしまうのだった。神を信じるのがいちばんだとパスカルは論じたが、それは賭けとして分がいいからだというのだ。

パスカルは、賭けの価値——もうけの期待値——を分析したのと同じように、キリストを救い主として受け入れることの価値を分析した。ゼロと無限の数学のおかげで、パスカルは、神が存在すると考えたほうがいいという結論を下した。

この賭けそのものを検討する前に、やや異なるゲームを分析するといい。こう想像しよう。封筒が二つあり、それぞれ、A、Bと書いてある。封筒を見せられる前に、コイン投げで、どちらの封筒におかねを入れるかが決められている。表が出たのなら、Aに真新しい一〇〇ドル札が一枚入っている。裏が出たのなら、Bにおかねが入っている。ただし、今度は一〇〇〇万ドルだ。どちらの封筒を選ぶべきか。

当然、Bだ！　こちらのほうが価値がずっと大きい。これを証明するのはむずかしくない。確率論の道具で、期待値と呼ばれるものを使えばいい。これは、それぞれの封筒にどれだけの価値があると期待されるかということだ。

封筒Aには一〇〇ドル札が一枚入っているかもしれないし、入っていないかもしれない。おかねが入っているかもしれないのだから価値はある。しかし、絶対に入っているとは確信できないから、価値は一〇〇ドルとまではいかない。数学者は封筒Aの中身の可能性それぞれにその確率を掛けたものをすべて足し合わせる。

0ドルもうける見込みが1／2……1／2×0ドル＝0ドル
100ドルもうける見込みが1／2……1／2×100ドル＝50ドル

期待値＝50ドル

数学者は、この封筒の中身の期待値は五〇ドルだと結論づける。一方、封筒Bの中身の期待値は、

0ドルもうける見込みが1／2……1／2×0ドル＝0ドル

１００万ドルもうける見込みが1／2……1／2×100万ドル＝50万ドル

期待値＝50万ドル

したがって封筒Bの中身の期待値は五〇万ドル——封筒Aの中身の期待値の一万倍だ。二つの封筒のどちらかを選んでいいと言われたら、Bを選ぶほうが賢いのは明らかである。

パスカルの賭けは、このゲームとよく似ている。ただし、使われる封筒の取り合わせは異なる。キリスト教徒と無神論者だ（実際には、キリスト教徒の場合しか分析していないが、無神論者の場合は論理的な延長にすぎない）。議論の便宜上、差し当たって、神が存在する見込みは五分五分だと想像しよう（神が存在するとしたら、それはキリスト教の神だとパスカルが考えたのは言うまでもない）。ここでキリスト教徒の封筒を選ぶのは、信心深いキリスト教徒であることに相当する。この道を選んだ場合、可能性は二つある。信心深いキリスト教徒なら、神がいない場合、死んだら無のなかへと消え去るだけだ。だが、神がいる場合は、天国にいき、永遠に幸せに生きる。無限大である。したがって、キリスト教徒であることで得るものの期待値は、

無のなかへと消え去る見込みが1／2……1／2×0＝0

天国にいく見込みが1／2…………………1／2×∞＝∞

期待値＝∞

何しろ、無限大の半分はやはり無限大だ。したがって、キリスト教徒であることの価値は無限大である。では、無神論者だったらどうなるだろう。その考えが正しければ――神などいないのなら――正しいことによって得るものは何もない。何しろ、神などいないのなら、天国もない。一方、その考えが間違っていて、神がいる場合は、地獄にいき永遠にそこで過ごすことになる。マイナス無限大だ。したがって、無神論者であることで得るものの期待値は、

無のなかへと消え去る見込みが1／2…………1／2×0＝0
地獄にいく見込みが1／2…………1／2×−∞＝−∞

期待値＝−∞

マイナス無限大である。これ以上小さい価値はない。賢明な人なら無神論ではなくキリス

ト教を選ぶのは明らかだ。

しかし、私たちはここである仮定をおいている。それは、神が存在する見込みは五分五分だというものだ。もし1／1000の見込みしかなかったら、どうなるだろう。キリスト教徒であることの価値は、

無のなかへと消え去る見込みが999／1000……999／1000×0＝0
天国にいく見込みが1／1000…………1／1000×∞＝∞

期待値＝∞

やはり同じ、無限大だ。そして、無神論者であることの価値はやはりマイナス無限大である。やはりキリスト教徒であるほうがずっといい。確率が1／10000でも1／1000000でも、結果は同じだ。例外はゼロである。

パスカルの賭けと呼ばれるようになったこの賭けは、神が存在する見込みがないのなら無意味だ。その場合、キリスト教徒であることで得るものの期待値は0×∞だが、これはばかばかしい。誰も、神が存在する見込みはゼロだとは言わない。どんな見方をするにせよ、ゼロと無限の魔法のおかげで神を信じるほうが常にいい。賭けに勝つために数学を捨

ても、どちらに賭けるべきかをパスカルが知っていたのは間違いない。

第5章　無限のゼロと無信仰の数学者——ゼロと科学革命

……無限に小さいものと無限に大きいものが導入されると、いつもは倫理的に厳しい数学も堕落してしまった。……数学的なものがすべて絶対確実に妥当で反論の余地なく証明されているという無垢の状態は永久に消え去った。論争の時代の幕が切って落とされ、自分のしていることを理解しているからではなく、今までずっとうまくいっていたということで、純然たる信仰から、たいていの人が微分と積分をするという段階に私たちは達している。

フリードリヒ・エンゲルス『反デューリング論』

ゼロと無限大がアリストテレス哲学を打破していた。無と無限のコスモスは、クルミの殻のような宇宙と、自然は真空を嫌うという観念を消し去っていた。古代の知恵は打ち捨てられ、科学者たちは自然の仕組みを支配する法則を探りはじめた。しかし、科学革命には問題が一つあった。ゼロだ。

科学的世界の新しい強力な道具——微積分——はパラドクスだった。微積分の発明者、アイザック・ニュートンとゴットフリート・ヴィルヘルム・ライプニッツは、ゼロで割ること、およびゼロを無限回足し合わせることによって、歴史上もっとも強力な数学上の方法を創造した。どちらの行為も1＋1で3を得るのにおとらず非論理的だった。微積分は、その核心のところで数学の論理に刃向かった。これを受け入れることは「信仰の飛躍」だった。そして科学者は、その飛躍をおこなった。何しろ、微積分は自然の言葉だったのだ。この言葉を理解するために、科学は無限につづくゼロを征服しなければならなかった。

無限につづくゼロ

一〇〇〇年にわたる麻痺状態の末に、ヨーロッパの思想が、キリスト教の教父たちに飲まされた眠り薬の効果を振り払ったとき、無限の問題は、真先に復活した問題の一つだった。

トビアス・ダンツィク『数は科学の言葉』

ゼノンの呪いは二〇〇〇年にわたって数学の上に漂っていた。アキレスはいつまでもカメを追いつづけ、追いつけない運命にあるようだった。ゼノンの単純な謎のなかには無限が潜んでいた。ギリシア人はアキレスの無限回の前進に悩んだ。アキレスの前進の幅がゼロに近づいても無限個の部分を足し合わせることなど考えなかった。ギリシア人はゼロの概念をもたず、幅ゼロの前進を足し合わせることができなかった。しかし、西洋世界がゼロを受け入れると、数学者は無限を支配しはじめ、アキレスの競走を終わらせた。

ゼノンの数列には無限個の部分があるが、すべて足し合わせても、有限の領域にとどまっている。1＋1／2＋1／4＋1／8＋1／16＋…＝2。このような芸当――無限個の項を足し合わせて有限の答えを得るという芸当――をはじめてやってのけたのは、一四世紀のイギリスの論理学者、リチャード・スイセスだった。スイセスは、無限数列、1／2, 2／4, 3／8, 4／16,…, n／2^n,…の項をすべて足し合わせて、2という答えを出した。何しろ、この数列の項はゼロに近づいていくのだ。単純に考えると、それなら必ず和は有限の値になるのだと思われるだろう。だが、無限はそれほど単純ではない。

スイセスが自分の出した結果を書き記していたのと同じ頃、フランスの数学者、ニコラス・オレームが腕試しに別の無限数列――いわゆる調和数列――を足し合わせてみた。それは次のようなものだ。

1／2＋1／3＋1／4＋1／5＋1／6＋…

ゼノンの数列やスイセスの数列と同じく、項はゼロに近づいていく。しかし、オレームは、この数列の項を合計しようとして、和がどんどん大きくなっていくのに気づいた。項がゼロに近づいても、和は無限大に向かうのだ。オレームは項どうしをまとめることで、このことを証明した。1／2＋(1／3＋1／4)＋(1／5＋1／6＋1／7＋1／8)＋…。最初のグループの和は、見たとおりで1／2に等しい。二つ目のグループの和は（1／4＋1／4）より、つまり1／2より大きい。三つ目のグループ和は（1／8＋1／8＋1／8＋1／8）より、つまりやはり1／2より大きい。以下同様である。つまり、1／2を足し合わせつづけることになり、和はどんどん大きくなり、無限大に向かっていく。項そのものはゼロに近づいていくのだが、近づき方が遅すぎるのだ。無限個の数の和は、数そのものがゼロに近づいても、無限大であることがある。だが、無限数列の和にはもっと奇妙な側面がある。ゼロそのものが、無限の奇妙な性質と無縁でないのだ。

次の数列を考えればいい。1−1＋1−1＋1−1＋1−1＋1−…。この数列の和がゼロであることを証明するのはむずかしくない。何しろ、

(1−1)＋(1−1)＋(1−1)＋(1−1)＋(1−1)＋…

は、次の和と同じものである。

0＋0＋0＋0＋0＋0＋…

これは明らかにゼロだ。だが、気をつけなければならない。この数列を別の仕方でグループ分けしてみよう。

1＋(−1＋1)＋(−1＋1)＋(−1＋1)＋(−1＋1)＋(−1＋1)＋…

は、次の和と同じものである。

1＋0＋0＋0＋0＋0＋…

これは明らかに1だ。無限にゼロがつづく数列の和は0でもあり1でもある。イタリアの司祭、グイド・グランディ神父は、この数列を用いて、神が無（0）から宇宙（1）を創造しうることを証明した。実は、この数列の和は、どんな数に等しくさせることもできる。

この数列の和を5に等しくするには、1と－1の代わりに5と－5から出発すればいい。無限個のものを足し合わせると、奇妙で矛盾する結果が出てくる。項がゼロに近づき、和が有限の数、たとえば、2や53のような、きれいな普通の数になることもある。また、和が無限になることもある。無限個のゼロの和はどんな数にも――同時にあらゆる数に――等しくなりうる。何か実に奇妙なことが起こっている。無限をどう扱うべきか、誰にもわからなかった。

幸い、物理世界は数学の世界より少し筋が通っていた。実生活に現れるものを扱っているかぎり、無限個のものを足し合わせても、たいていはうまくいくようだ。たとえば、ワイン樽の容積を求めるときのように。そして、一六一二年はワインの当たり年だった。ヨハネス・ケプラー――惑星が楕円運動をしていることを突き止めた人物――は、その年を、ワイン樽を覗き込んで過ごした。樽の容量を見積もるのにワイン醸造業者と樽製造人が用いている方法がきわめて雑なものであることに気づいていたからだ。ケプラーは、ワイン商人を助けるために、樽を無限個の小さい断片に切り刻んだ。頭のなかで。そして、断片を足し合わせて容積を出した。これは樽の容積を測るには回り道のように思われるかもしれないが、名案だった。

問題をもう少し単純にして、三次元の物体の代わりに二次元の対象――三角形――を考えよう。図23の三角形は高さが8、底辺が8だ。三角形の面積は、底辺×高さ÷2だから、この三角形の面積は32である。

さて、こう想像しよう。三角形の内側にこれに接する小さな長方形を書き込んで、三角形の面積を見積もろうとする。一回目のトライで、16という面積が出る。32という実際の値よりかなり小さい。二回目のトライは少しましだ。長方形三つで、24という値が出る。近づいたが、まだまだ。三回目のトライで28という値が出る。さらに近づいた。見てのとおり、書き込む長方形を小さくしていく――記号Δxで表示した幅をゼロに近づけていく――と、値は、三角形の面積の真の値である32に近づいていく（長方形の面積の和は$\Sigma f(x)\Delta x$に等しい。ここでギリシア文字Σは、しかるべき範囲にわたる和を表し、$f(x)$は、長方形が接する線の方程式だ。現代の表記法では、Δxがゼロに近づくと、Σを新たな記号$\int$、Δxをdxで置き換え、方程式を$\int f(x)dx$にする。これが積分だ）。

ケプラーは、あまり知られていない著作の一つである『樽の容積測定』で、三次元立体についてこれをやり、樽を平面に薄切りにして、平面を足し合わせている。そこには、ある紛れもない問題があったが、ケプラーは少なくともその問題を恐れていなかった。Δxがゼロに近づくと、和は、無限個のゼロを足し合わせたものに等しくなる。意味をなさない答えだ。ケプラーはこの問題を無視した。無限個のゼロを足し合わせるのは、論理的な観点から見れば、ばかげていたが、それによって得られる答えは正しかった。

事物を無限に薄く切り刻んだ著名な科学者は、ケプラーだけではなかった。ガリレオも、

図23　三角形の面積を見積もる

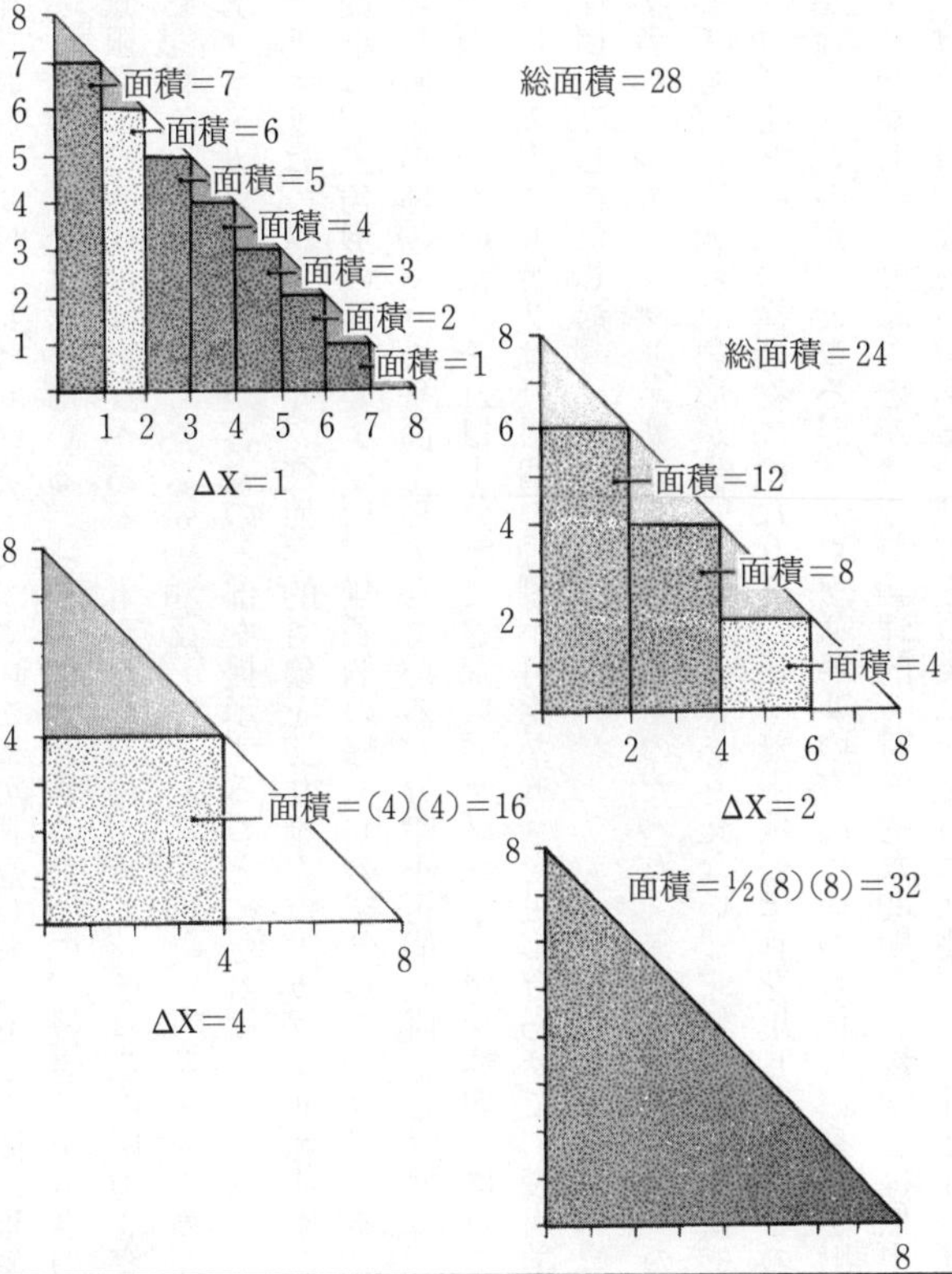

無限と無限に小さい断片について考えた。この二つの概念は私たちの有限な理解力を超越していると、ガリレオは書いている。「前者は大きさのために、後者は小ささのために」。だが、無限個のゼロには深い謎があるにもかかわらず、ガリレオはその威力を察知した。「これらを組み合わせるとどうなるか、想像してみるとよい」。ガリレオの教え子、ボナヴェントゥラ・カヴァリエリが答えの一部を提示することになる。

カヴァリエリは、樽ではなく、幾何学的対象を切り刻んだ。カヴァリエリにとって、あらゆる面積は、三角形の面積のように、無限個の幅ゼロの線分からできているし、あらゆる体積は無限個の厚みゼロの平面からできている。分割不可能な直線と平面は、面積と体積の原子のようなものだ。それ以上分割できない。ケプラーが樽を薄切りにして体積を測ったように、カヴァリエリは無限個の分割不可能なゼロを足し合わせて、幾何学的対象の面積や体積をはじきだした。

幾何学者にとってカヴァリエリの主張は困りものだった。無限個の面積ゼロの直線を足し合わせても、二次元の三角形が生まれることはありえないし、無限個の体積ゼロの平面が合わさっても三次元の構造物にはなりえない。無限個のゼロを足し合わせるのは論理的に意味をなさないのだ。ところが、カヴァリエリの方法はいつも正しい答えを出した。無限個のゼロを足し合わせることがはらむ論理的・哲学的な問題を、数学者は無視した。とりわけ、分割不可能なもの、あるいは、その後に与えられた呼び名で言えば、無限小によ

図24　接線上を飛び去る

って、昔からの難問がついに解けたとなれば。その難問とは、接線の問題だ。

接線とは、曲線にかろうじて触れる直線だ。空間のなかを走るなめらかな曲線のどの点にも、その一点だけで曲線に触れる直線が一本ある。これが接線であり、数学者は、運動を研究するうえでこれがきわめて重要であることに気づいていた。たとえば、ひもでボールを振り回しているところを想像するといい。ボールは円を描いている。しかし、突然ひもを切れば、ボールは接線に沿って飛び去る。同じように、野球のピッチャーがボールを投げるとき、腕は円弧を描くが、ボールは、放したとたんに接線上を飛び去る（図24）。また、ボールが丘のふもとのどこに落ちつくかを知りたければ、接線が水平である点を探す。接線の傾き、勾配には物理学で重要な性質がある。たとえば、自転車の位置を表す曲線があるとすると、任意の点でその曲線がもつ接線の傾きから、その地点を通過するときの自転車の速度がわかる。

このため、一七世紀の数学者たち――エヴァンジェリスタ・トリチェッリ、ルネ・デカルト、フランス人のピエール・ド・フェルマー（最終定理で有名なあのフェルマー）、イギリス人のアイザック・バロウ――は曲線上の任意の点について接線を計算する異なる方法を編み出した。しかし、カヴァリエリと同じく、みな無限小の考えは斥けた。

任意の点で接線を引くには、見当をつけるのがいちばんだ。すぐそばの点をもう一つ選んで、この二点を直線で結ぶ。その直線は接線というわけではないが、この曲線があまりでこぼこしていなければ、接線にかなり近い。二点の距離を縮めていくにつれて、ためしに引いた直線は接線に近づいていく（図25）。二点の距離がゼロになると、近似は完璧になる。接線が見つかったのだ。もちろん、問題がある。

直線のもっとも重要な性質は傾きであり、これを測るために数学者は、ある距離に対して直線がどれだけ上昇するかを見る。たとえば、丘の上を東に向かってドライブしていると想像しよう。一マイル進むたびに、高度が〇・五マイル上がる。丘の勾配は、この高度差――〇・五マイル――を、この水平方向の移動距離――一マイルで割ったものだ。丘の勾配は1／2だと数学者は言う。同じことは直線にも当てはまる。直線の傾きを測るには、ある水平距離（数学者が記号Δxで表示するもの）に対して直線がどれだけ上昇するか（数学者が記号Δyで表示するもの）を見ればいい。直線の傾きはΔy／Δxである。

接線の傾きを計算しようとすると、ゼロによって近似プロセスは破綻してしまう。接線

図25　接線に近づく

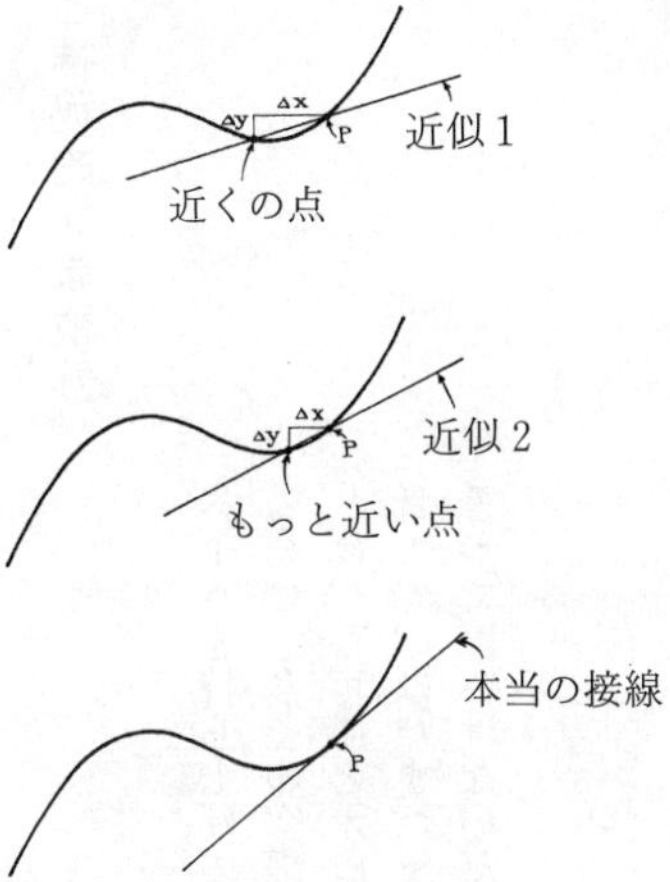

の近似線が接線に迫っていくにつれて、近似線をつくるために用いる点は近づいていく。これは、高さの差Δyも、点どうしの水平距離Δxもゼロに近づいていく。近似線が接線に迫っていくにつれて、$\Delta y / \Delta x$は$0/0$に近づく。ゼロをゼロで割ると、宇宙のどんな数にも等しくなりうる。接線の傾きには意味があるのだろうか。

　数学者は、無限やゼロを扱おうとするたびに、論理的に行きづまった。樽の容積や放物線に囲まれた図形の面積を出すために、無限個のゼロを足し合わせた。曲線の接線を見つけるために、ゼロをゼロそのもので割った。接線を見つけ、面積を出すという単純な行為が、ゼロと無限大のせいで、自己矛盾を抱えているように見えた。こうした問題は、ある事実がなければ、興味深い脚注に終わっていただろう。その事実とは、こうした無限大とゼロが、自然を理解するための鍵であるということだ。

ゼロと神秘的な微積分

ベールを持ち上げて、そのむこうを覗き込めば……見いだされるのは、多くの空虚と闇と混乱だ。いや、私が間違っていなければ、不可能と矛盾である。……有限の量でも、無限に小さい量でも、はたまた無でもない。これらを死せる量の亡霊とでも言ってはいけないだろうか。

バークリー主教『解析者』

接線の問題と面積の問題は無限大とゼロをめぐって同じ困難にぶつかった。それも不思議ではない。接線の問題と面積の問題は実は同じものだからである。どちらも微積分の一面なのだ。微積分は、歴史上の科学の道具のなかでもずば抜けて強力なものだ。たとえば、科学者は望遠鏡によって、それまで観測されなかった衛星や恒星を見つけることができるようになっていた。一方、微積分は、天体の運動を支配する法則——やがて、こうした衛星や恒星がどのように形づくられたのかを科学者に教えてくれることになる法則——を表現するすべを科学者に与えた。微積分はまさに自然の言葉だったが、その基礎構造には、この新しい道具を破壊する恐れのあるゼロと無限大が満ちていた。

微積分の最初の発見者は一息も吸わないうちに死にかけた。一六四二年のクリスマスに早産で生まれたアイザック・ニュートンは、のたくりながらこの世に出てきた。容量一クォート（約一リットル）のポットにおさまってしまうほど小さかった。農業を営んでいた父親は、ふた月前に死んでいた。

子供時代は心に傷を残すようなものだったし、*母からは農業を営んでもらいたいと望まれていたにもかかわらず、ニュートンは一六六〇年代にケンブリッジに入学した。そして、才能を開花させた。数年のうちにニュートンは、接線問題を解決する体系的な方法を編み出した。いかなるなめらかな曲線のいかなる点での接線も導き出すことができた。この作業が、微積分の半分である微分だ。しかし、ニュートンの微分法は、今日私たちが用いているものとはあまり似ていない。

＊ニュートンが三つのとき、母親は再婚して引っ越した。ニュートンは母親と継父にはついていか

なかった。このため以後、両親との接触はあまりなかった。そちらにいって、おまえたちが中にいるときに家を燃やしてやると脅したことはあったが。

ニュートンの微分法は、変数の流率――流れ――に基づいていた。ニュートンの流率の例として、次のような方程式を考えよう。

$$y = x^2 + x + 1$$

この方程式で、変数はyとxだ。時間がたつにつれて、yとxは流れていく、つまり変わっていくと、ニュートンは考えた。yとxの変化率――流率――は、それぞれ$\dot{y}$、$\dot{x}$で表示される。

ニュートンの微分法は、表記の巧みさに基づいていた。ニュートンは流率を変化させた。ただし、無限小だけしか変化させなかった。実質的に何の時間も流れさせなかった。ニュートンの表記法では、この瞬間にyは$(y + o\dot{y})$、xは$(x + o\dot{x})$に変化する（oという文字は、過ぎた時間を表した。これはほとんどゼロだが、後で見るとおり、本当にゼロというわけではない）。方程式はこうなる。

$$(y+o\dot{y})=(x+o\dot{x})^2+(x+o\dot{x})+1$$

$(x+o\dot{x})^2$の項を展開すると、

$$y+o\dot{y}=x^2+2x(o\dot{x})+(o\dot{x})^2+x+o\dot{x}+1$$

項を並べかえると、

$$y+o\dot{y}=(x^2+x+1)+2x(o\dot{x})+1(o\dot{x})+(o\dot{x})^2$$

$y=x^2+x+1$だから、左辺からy、右辺からx^2+x+1を引いても、両辺は釣り合ったままだ。したがって、

$$o\dot{y}=2x(o\dot{x})+1(o\dot{x})+(o\dot{x})^2$$

いよいよ、ごまかしの出番だ。$o\dot{x}$は本当に小さいから、$(o\dot{x})^2$はなおさら小さい、つまりゼロになるとニュートンは宣言した。実質的にゼロであり、無視できると。すると、

$$o\dot{y}=2x(o\dot{x})+1(o\dot{x})$$

つまり、$o\dot{y}/o\dot{x}=2x+1$。これが、曲線上の点xでの接線の傾きである（図26）。無限小の時間oは方程式から抜け落ち、$o\dot{y}/o\dot{x}$は$\dot{y}/\dot{x}$になり、oはもう考えなくていい。

この方法は正しい答えを導き出すが、$(o\dot{x})^2$をゼロにしてしまうニュートンのやり方には大いに不安があった。ニュートンが主張するように、$(o\dot{x})^2$、$(o\dot{x})^3$、さらに大きな累乗がゼロに等しいとすれば、$o\dot{x}$そのものもゼロに等しいはずだ。* 一方、$o\dot{x}$がゼロなら、$o\dot{x}$で割るのは、ゼロで割るのと同じことである。そして、$o\dot{y}/o\dot{x}$という式の分子と分母からoを取り除くという最後の操作も。ゼロで割るのは、数学の論理によって禁じられている。

＊二つの数を掛け合わせて、ゼロが出たら、どちらかがゼロであるはずだ（数学的に表現すれば、$ab=0$ならば$a=0$あるいは$b=0$）。つまり、$a^2=0$なら$aa=0$。よって$a=0$。

ニュートンの流率法は実に怪しげだった。不当な数学上の操作に頼っていた。だが、大きな強みがあった。役に立つのだ。流率法は接線問題を解決したばかりではない。面積問

図26　放物線$y=x^2+x+1$の、ある点での傾きを求めるには、
公式$2x+1$を用いればいい。

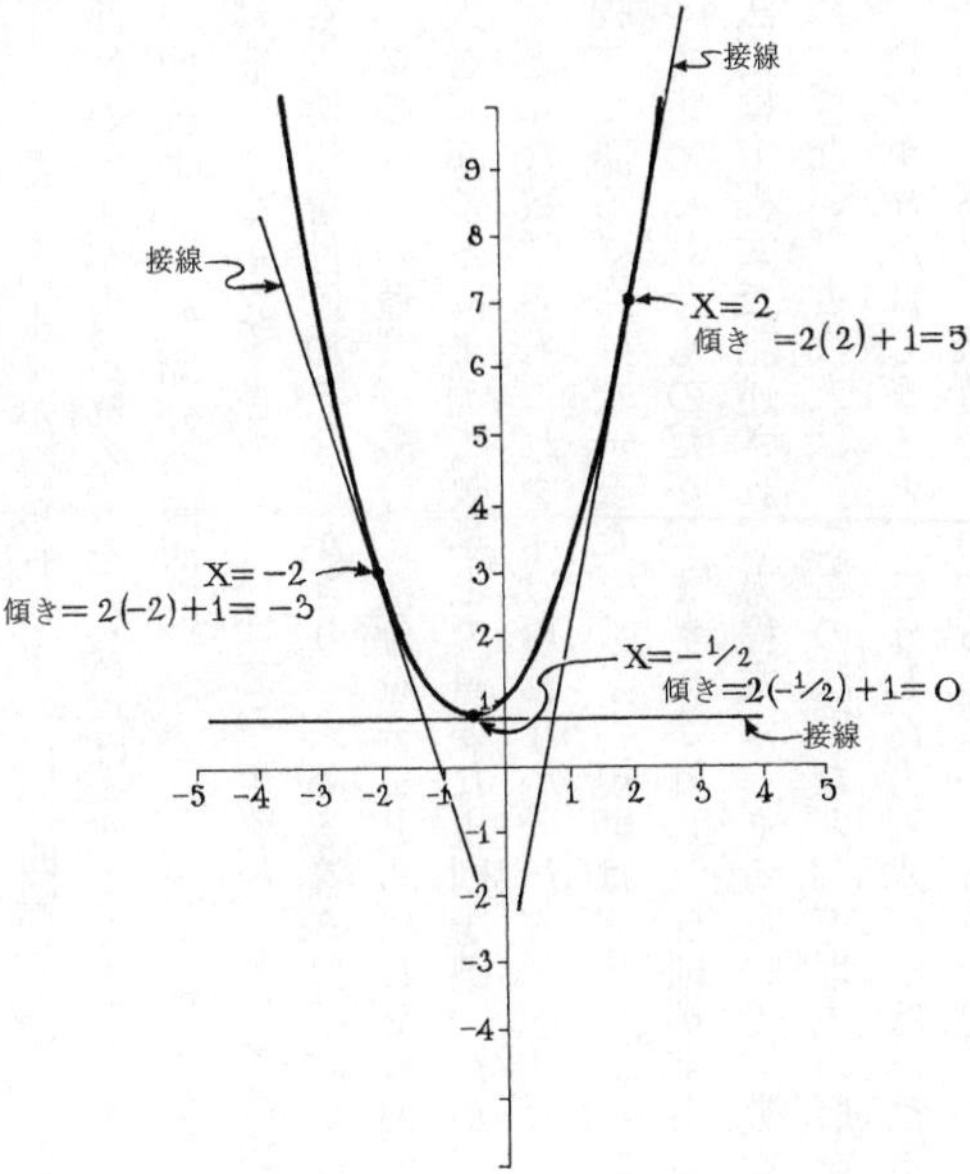

題も解決した。何らかの曲線（あるいは、その一種である直線）より下の部分の面積を出す作業——積分——は、微分の逆にすぎない。曲線$y=x^2+x+1$を微分すると、接線の傾きの方程式——$y=2x+1$——が得られるように、曲線$y=2x+1$を積分すると、曲線より下の部分の面積の公式が得られる。その公式は$y=x^2+x+1$。$x=a$と$x=b$という境界にはさまれた、曲線より下の部分の面積は（b^2+b+1）－（a^2+a+1）（〔図27〕。厳密に言うと、公式は$y=x^2+x+c$である。cは任意の定数だ。微分で情報が失われてしまうので、積分をしても、情報を付け加えないかぎり、求める答えは正確には得られない）。

微積分は、この二つの道具、微分と積分を一まとめにしたものである。ニュートンは、ゼロと無限大を弄ぶことによって数学上の重要な規則を破ったが、微積分はあまりに強力だったので、どんな数学者もこれを斥けられなかった。

自然は方程式で語る。奇妙な一致だ。数学の規則は、ヒツジを数え、地所の測量をする作業をめぐって定められたものだが、まさにこうした規則が宇宙の仕組みを支配しているのだ。自然法則は方程式で記述され、方程式は、ある意味で、数を突っ込んで別の数を取り出す道具にすぎない。古代人は、てこの法則など、方程式の形をした法則をいくつか知っていたが、科学革命がはじまると、こうした方程式法則はいたるところに現れた。ケプラーの第三法則は、惑星が軌道を一周するのにかかる時間を記述するものだった。時間t、距離r、定数kに対して、$r^3/t^2=k$だ。一六六二年、ロバート・ボイルが、気体を詰め

図27　直線$y=2x+1$より下の領域の面積を求めるには、
公式x^2+x+1を用いればいい。

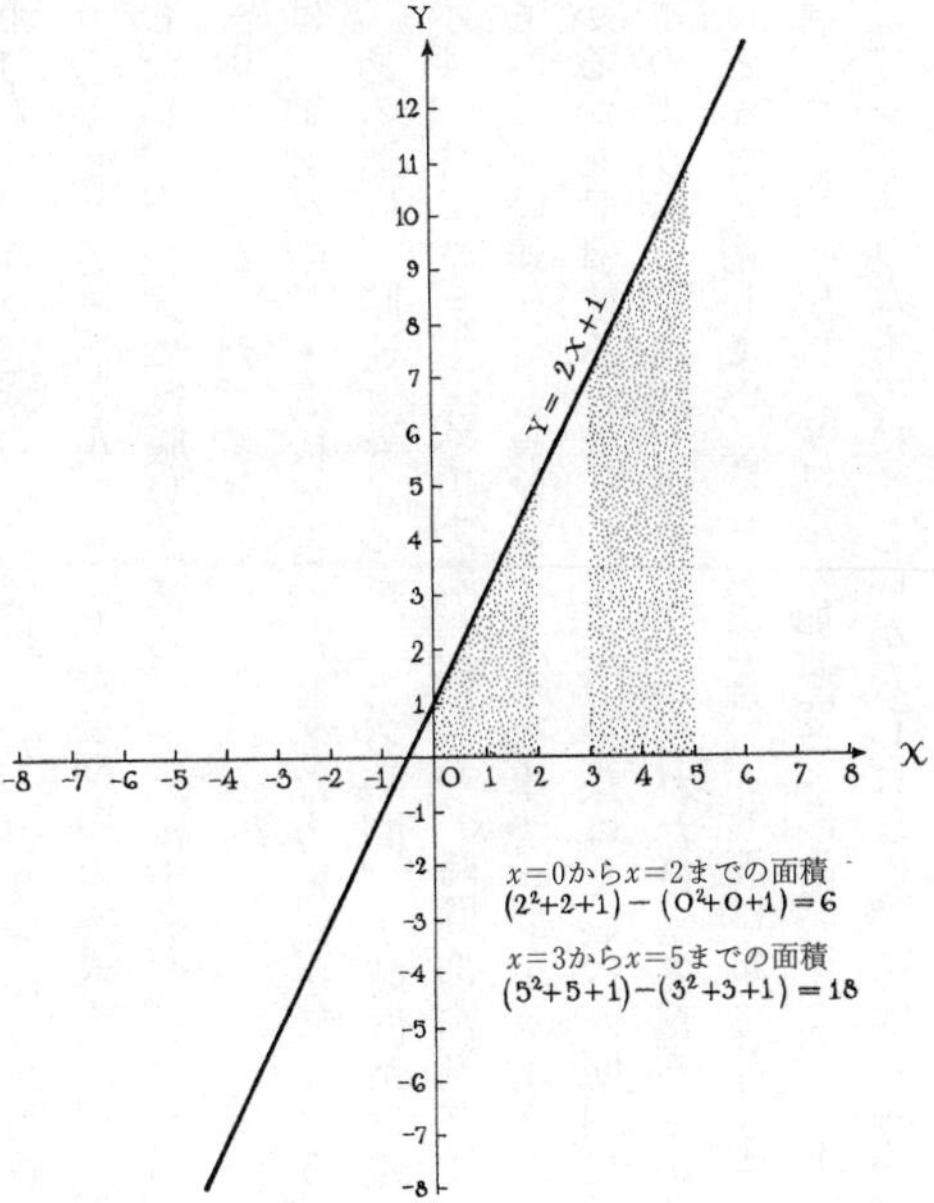

て密閉した容器を潰すと、内部の圧力は高まることを証明した。圧力p×容積vは常に一定——定数kに対して$pv=k$——だというのだ。一六七六年にはロバート・フックが、ばねの及ぼす力fは、負の定数$-k$に、ばねを引っ張り伸ばした距離xを掛けたものであること、つまり$f=-kx$を証明した。こうした初期の方程式法則は、単純な関係をきわめてうまく表現したが、方程式には限界がある。それは定数だ。これがあるために、こうした法則は普遍法則ではなかった。

たとえば、誰もが中学・高校で習った有名な方程式を考えよう。速度×時間＝距離というやつだ。ある速度、時速vマイルで、ある時間、t時間だけ走った場合に進む距離、xマイルを示す、$vt=x$という式である。何しろ、時間あたりマイル×時間＝マイルだ。たとえば、ちょうど時速一二〇マイルで走る列車でニューヨークからシカゴまで行くのにどれだけかかるかを計算するときに、この方程式はたいへん便利だ。しかし、本当に数学の問題の列車のように一定速度で動くものがどれだけあるだろうか。ボールを落とせば、落ちる速さはどんどん増していく。この場合、$x=vt$はまったく成り立たない。落としたボールの場合、$x=gt^2/2$だ。gは重力加速度である。一方、ボールにかかる力が増していれば、xは$t^3/3$のようなものに等しいかもしれない。速度×時間＝距離は普遍法則ではない。あらゆる条件のもとで当てはまるわけではない。

ニュートンは微積分によって、こうした方程式をすべて壮大な一組の法則——あらゆる場合に、あらゆる条件のもとで成り立つ法則――のうちに結びつけることができた。科学は、こうした中途半端な法則すべての根底にある普遍法則をはじめて目にすることができた。数学者は、ゼロと無限大の数学的性質のおかげで微積分には深刻な欠陥があると知りながらも、新しい数学上の道具をたちまち受け入れた。自然は普通の方程式では語らないからだ。自然は微分方程式で語るのであり、微積分は、そうした微分方程式を立てて解くのに必要な道具なのである。

微分方程式は、私たちが慣れ親しんでいる日常的な方程式のようなものではない。日常的な方程式は機械に似ている。数を入れると、別の数が出てくる。微分方程式も機械に似ているが、この機械に方程式を入れると、新たな方程式が出てくる。問題の条件（ボールは一定速度で運動しているのか、それとも、ボールには力が働いているのか）を記述する方程式を突っ込むと、求める答えを表現する方程式が飛び出す（ボールは一直線に、あるいは放物線を描いて運動する）。一つの微分方程式が、無数の方程式法則をすべて支配する。成り立ったり成り立たなかったりする方程式法則と違って、微分方程式はいつも成り立つ。普遍法則だ。自然の仕組みを垣間見せてくれる。

ニュートンの微積分――流率法――は、位置、速度、加速度のような概念を結びつけることによって、これを成し遂げた。ニュートンは、変数xで位置を表示したとき、速度が、xの流率――現代の数学者が導関数と呼ぶもの――$\dot{x}$だと認識した。そして、加速度は速度の導関数、$\ddot{x}$にすぎなかった。位置から速度、さらに加速度を導き出すこと、および、その逆の作業は、要するに微分（点をもう一つ加えること）と積分（点を一つ取り去ること）だ。この表記法を念頭に置いて、ニュートンは、宇宙のあらゆる物体の運動を微分方程式で記述することができた。その方程式こそ、$F=m\ddot{x}$だ。ここでFは物体にかかる力、mは物体の質量である（実際には、この方程式は、物体の質量が一定の場合にしか成り立たないので、完全な普遍法則ではない。もっと普遍的な形のニュートンの法則は$F=\dot{p}$である。pは物体の運動量だ。もちろん、ニュートンの方程式は後にアインシュタインによってさらに改良された）。物体にかかる力を教えてくれる方程式があれば、微分方程式から、その物体がどう動くかがわかる。たとえば、自由落下するボールは放物線を描き、摩擦のないばねはいつまでも伸び縮みを繰り返しつづけるが、摩擦のあるばねはだんだん伸び縮みの幅を小さくしていき、やがて止まる（図28）。こうした現象は別物のように見えるが、すべて同じ微分方程式に支配されている。

同じように、物体の動き方がわかれば――それがおもちゃのボールであろうが、巨大な惑星であろうが――微分方程式から、どんな力がかかっているかがわかる（ニュートンの大手柄は、重力を記述する方程式から、惑星の軌道の形を割り出したことにあった。人々は、重力は$1/r^2$に比例するのではないかと考えていたのであり、ニュートンの微分方程式から楕円という結論が出てくると、ニュートンは正しいと人々は信じるようになった）。

図28　さまざまな運動。すべて同じ微分方程式に支配されている。

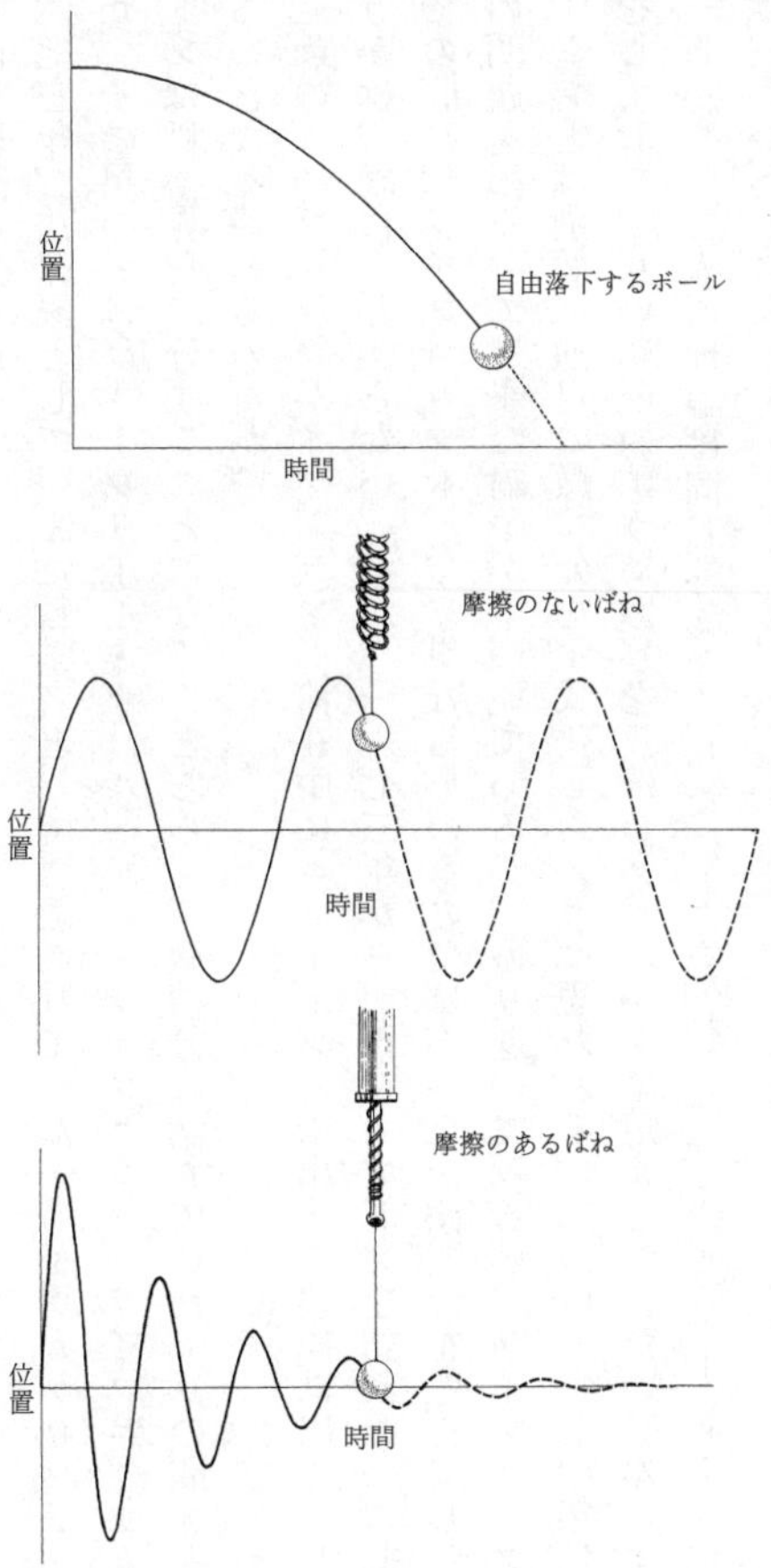

微積分の威力にもかかわらず、肝心の問題は残った。ニュートンの仕事は、実に心もとない土台――ゼロをゼロで割るという操作――の上に築かれていた。そして、ライバルの仕事にも同じ欠陥があった。

一六七三年、法律家として、また哲学者として尊敬されていた一ドイツ人がロンドンを訪れた。その男の名はゴットフリート・ヴィルヘルム・ライプニッツ。ライプニッツとニュートンは科学界を二分することになる。どちらも、微積分に満ちていたゼロの問題を解決することなく終わるのだが。

三三歳のライプニッツがイングランド滞在中にニュートンの未出版の著作に出くわしたかどうかは、誰にもわからない。だが、一六七三年から、再びロンドンを訪れた一六七六年までの間に、ライプニッツも、やや異なる形のものではあったが微積分を考えだした。この問題をめぐってはまだ論争がつづいているが、振り返ってみると、ライプニッツはニュートンとは別個に独自の微積分を定式化したように思われる。二人は一六七〇年代に文通をしており、互いにどのように影響を及ぼしあったかを確定するのはたいへんむずかしい。しかし、二人の理論は同じ答えを出したにもかかわらず、表記法――および哲学――は、たいへん異なっていた。

ニュートンは無限小を嫌った。ゼロのように振る舞ったり、ゼロでない数のように振る舞ったりする、流率方程式のなかの小さな0を。ある意味で、この無限小は無限に小さく、どんな正の数よりも小さいが、それでいてゼロよりはいくらか大きかった。当時の数学者にとって、これは、ばかげた概念だった。ニュートンは、自分の方程式に無限小が含まれていることを、きまりが悪く思い、これを隠してしまった。ニュートンの計算に出てくる0はただの媒介、計算の最後には不思議にも消えてしまう松葉杖にすぎなかった。一方、ライプニッツは無限小にのめりこんだ。ニュートンが$o\dot{x}$と書くところを、ライプニッツはdxと書いた。無限に小さい、xの断片だ。この無限小はライプニッツの計算を通じて変わらずに生き延びた。xに対するyの導関数は、無限小を免れた流率の比$\dot{y}/\dot{x}$ではなく、無限小どうしの比dy/dxだった。

ライプニッツの微積分では、こうしたdyとdxも普通の数と同じように操作できた。現代の数学者や物理学者が普通ニュートンの表記法ではなくライプニッツのものを用いるのは、このためだ。ライプニッツの微積分には、ニュートンのそれと同じ力があった。その表記法のおかげで、むしろ少し大きな力があった。にもかかわらず、数学全体の根底でライプニッツの微分も、ニュートンの流率につきまとっていたのと同じ禁じられた0/0を抱えていた。この欠陥が残るかぎり、微積分は論理ではなく信仰に基づいていることになる(実は、ライプニッツが新しい数学、たとえば、二進数を導き出したときまさに、信仰がその念頭にあった。どんな数も、0と1の連なりとして書き表せる。ライプニッツにとって、これは無からの創造、神/1と無/0のみからの宇宙の創造だった。ライプニッツは、イエズス会修道士たちに、中国人をキリスト教に改宗させるのにこの知識を利用させようとさえした）。

数学者が微積分を謎めいた土台から解放しはじめるのは、ずっと先のことだ。数学界は、微積分を発明したのは誰かをめぐって争うのに忙しかったのである。

微積分の概念をニュートンが最初に――一六六〇年代に――思いついたのは、ほぼ確実だが、ニュートンは二〇年間、自分の仕事を発表しなかった。ニュートンは科学者にして魔術師であり神学者でもあり錬金術師でもあった（たとえば、聖書の文言から、キリストの再臨は一九四八年頃に起こると結論づけた）。そして、ニュートンの見解には異端的なものが少なくなかった。そのため、ニュートンは自分の仕事を秘密にしがちで、表に出すのを嫌がった。ニュートンが自分の発見を隠している間に、ライプニッツは自分の微積分を考えだした。二人は互いに相手が剽窃《ひょうせつ》をしたと非難し、ニュートンを応援するイングランドの数学界は、ライプニッツを支援する大陸の数学者たちと袂《たもと》を分かった。その結果、イングランド人は、自分たちが損をするだけなのにニュートンの流率表記法にこだわり、それより優れたライプニッツの微分表記法を採用しようとしなかった。こうして、微積分の発展に関しては、イングランドの数学者たちは大陸の数学者に後れを取ってしまった。

微積分に満ちあふれる謎のゼロと無限大にはじめて挑んだ人として記憶されることになるのは、イングランド人ではなく、フランス人だった。数学者は微積分についてはじめて学ぶとき、ロピタルについて学ぶ。変な話だが、ロピタルの名が冠された公式を考えついたのは、ロピタルではなかった。

一六六一年に生まれたギヨーム・フランソワ・アントワーヌ・ド・ロピタルは伯爵であり、したがって、たいへん裕福だった。そして、早くから数学に関心を抱いていた。しばらく軍隊にいて、騎兵隊の大尉になったものの、すぐに本当に好きなことである数学に戻った。

ロピタルは金で買える最高の教師を雇った。スイスの数学者、ヨハン・ベルヌーイだ。ベルヌーイは、ライプニッツによる無限小の微積分に関する初期の大家である。一六九二年、ロピタルはベルヌーイから微積分を教わった。そして、新しい数学のとりこになり、ベルヌーイを説得して、思いどおりに利用できるようベルヌーイの新しい数学上の発見をすべて、おかねと引換えに送ってよこさせた。一六九六年、ロピタルの『無限小の分析』は微積分についての最初の教科書となり、多くのヨーロッパ人にライプニッツの微積分の手ほどきをしただけでなく、興味をそそる新しい結果も盛り込まれていた。もっとも有名なのは、ロピタルの公式と呼ばれているものだ。

ロピタルの公式は、微積分の隅々に現れる厄介な0／0にはじめて挑むものだった。これは、ある点で0／0に近づく関数の真の値を突き止めるすべを提供していた。ロピタルの公式によれば、この分数の値は、分子の導関数を分母の導関数で割ったものに等しい。

たとえば、$x=0$のときの式x／(sin x) を考えてみよう。$x=0$で、sin $x=0$だから、この式は0／0に等しい。xの導関数は1、sin xの導関数はcos xだから、ロピタルの公式を使えば、この式は1／(cos x)に近づく。$x=0$のときcos $x=1$だから、この式は1／1=1に等しい。巧妙な操作をすれば、ロピタルの公式によって他にも変わった式、∞／∞、0^0、0^∞、∞^0の値を出すことができる。

こうした式すべて、とくに0／0は、分子と分母に入れる関数次第で、望みの値をとりうる。だから、0／0は不定だと言う。これはもはやまったく神秘というわけでもなかった。数学者は、注意深く0／0に取り組めば、いくらか情報を引き出すことができた。ゼロはもはや避けるべき敵ではなかった。研究すべき謎だった。

一七六四年にロピタルが死ぬとまもなく、ベルヌーイは成果をロピタルに横取りされたと仄《ほの》めかしはじめた。当時、数学界はベルヌーイの主張を斥けた。ロピタルは自らが有能な数学者であることを証明していたし、ベルヌーイには汚点があった。以前、別の数学者の証明を自分の手柄にしようとしたことがあったのだ（その数学者とは、たまたま兄のヤーコブだった）。しかし、今回はヨハン・ベルヌーイの主張は正当だった。ロピタルとやりとりした手紙がベルヌーイの言い分《ぶん》を裏付けている。しかし、ベルヌーイには気の毒なことに、ロピタルの公式という名前は残ってしまった。

ロピタルの公式は、0／0の問題の一部を解決するうえできわめて重要だったが、根本的な問題は残った。ニュートンとライプニッツの微積分は、ゼロで割るという操作に――そして、二乗すると不思議にも消えてしまう数に――頼っている。ロピタルの公式は、0／0に基づいた道具で0／0を検討する。循環論法だ。世界中で物理学者と数学者が自然を説明するのに微積分を、また運動を説明するのに絶対空間の概念を用いはじめるなかで、抗議の声が教会から上がった。

ニュートンが死んでから七年後の一七三四年、アイルランドの英国国教会主教、ジョージ・バークリーは『解析者、あるいは、ある無信仰の数学者に向けられた論考』と題された本を書いた（問題の数学者は、一貫してニュートンを支持しつづけたエドマンド・ハレーだったらしい）。『解析者』で、バークリーはニュートンが（またライプニッツが）ゼロについておこなったごまかしを攻めたてた。

無限小を〝死せる量の亡霊〟と呼ぶバークリーは、無限小を消し去ることが矛盾をきたすことを示した。そして、こう結論づけている。「第二あるいは第三の流率、第二あるいは第三の差を飲み込める者は、神学のいかなる点についてもぴりぴりしなくてよいと私には思われる」

数学者たちはバークリーの論理を攻撃したが、この主教の言い分はまったく正しかった。当時、微積分は数学の他の領域と大きく異なっていた。幾何学の定理はどれも厳密に証明されていた。エウクレイデス（ユークリッド）が示したわずかな数の規則から一歩一歩注意深く進むことによって、数学者は三角形の内角の和が一八〇度であることなど、さまざまな幾何学上の事実を証明できた。一方、微積分は信仰に基づいていた。

こうした無限小を二乗すると、どうして消え去るのか、誰も説明できなかった。数学者はとにかくこの考えを受け入れた。いい時に無限小を消え去らせると、正しい答えが得られたからだ。都合よく数学の規則を無視すると、リンゴの落下から空の惑星の軌道まで、何もかもが説明できるとなれば、誰もゼロで割ることを気にしなかった。正しい答えが出るとはいえ、微積分を用いるのは、神の存在を信じると宣言するのにおとらず、信仰に基づく行為だった。

神秘主義の終わり

> 量は、なにがしかの量か無かのどちらかである。なにがしかの量なら、まだゼロになってはいない。無なら、文字どおりゼロになっている。この二つの間に中間状態があるという想定は、奇怪な妄想である。
>
> ジャン・ル・ロン・ダランベール

フランス革命の影響のもと、神秘的なものは微積分から追い出された。

微積分の土台は心もとなかったにもかかわらず、一八世紀の末には、ヨーロッパ中の数学者がこの新しい道具で目ざましい成果をあげていた。コリン・マクローリンとブルック・テイラーは、大陸から孤立していた時代のイギリスの最高の数学者だったかもしれない人たちで、二人は、微積分を用いて関数をまったく異なる形に書き換えるすべを発見した。たとえば、微積分の技をいくつか用いて、関数$1/(1-x)$を次のように書き表せることに数学者たちは気づいた。

$$1+x+x^2+x^3+x^4+x^5+\cdots$$

二つの式は見かけが著しく違うにもかかわらず、（いくつか注意点があるが）まったく同じものだ。

しかし、この注意点は、ゼロと無限大の性質からくるもので、たいへん重要な意味をもちうる。スイスの数学者、レオンハルト・オイラーは、微積分でおこなわれるゼロと無限大の安易な操作に示唆を得て、テイラーおよびマクローリンと同様の推論によって、和

$$\ldots 1/x^3+1/x^2+1/x+1+x+x^2+x^3\ldots$$

がゼロに等しいことを〝証明〟した（この証明が怪しいことを確認するには、xに1を代入して、どうなるか、見ればいい）。オイラーは優れた数学者だった――それどころか、歴史上もっとも業績が多く影響の大きい数学者の一人だった――が、この場合はゼロと無限大の不注意な操作で道を踏み外してしまった。

ついに微積分のゼロと無限大を服従させ、数学から神秘を取り去ったのは、捨て子だった。一七一七年、パリのサン・ジャン・バチスト・ル・ロン教会の玄関前の階段に幼子が一人置き去りにされているのが見つかった。このことにちなんで、その子はジャン・ル・ロンと名づけられ、やがてダランベールという姓を名乗った。貧しい労働者階級の夫婦によって育てられた――養父はガラス職人だった――が、実の父は将軍で生みの母は貴族だった。

ダランベールは、人類の知識を集大成した名高い『百科全書』をまとめる共同作業――ドニ・ディドロとともに二〇年にわたっておこなった努力――でもっともよく知られている。しかし、ダランベールは単なる百科事典編集者ではなかった。目的地とともに旅程を考えることが大事だと気づいたのはダランベールだった。この人物こそが、極限の概念を生みだし、微積分のゼロの問題を解決したのだ。

再びアキレスとカメの話を考えよう。ゼロに近づいていく無限回の前進の和の話だ。無限個のものの和を操作すると――アキレスの問題のなかだろうが、ある曲線より下の領域の面積を求める場合だろうが、関数の別の形を見つける場合だろうが――数学者は矛盾する結果を出してしまうのだった。

ダランベールは、競走の極限を考えれば、アキレスの問題が消え去ることに気づいた。60ページの例（図10）では、一歩前進するたびにカメとアキレスは二フィート地点に近づく。一歩前進すれば、遠ざかることはないし、同じ距離にとどまっていることさえない。刻々と両者は二フィート地点に近づいていく。したがって、競走の極限――究極の終着点――は、二フィート地点である。アキレスがカメを追い抜くのはここだ。

しかし、二フィート地点が本当に競走の極限だと、どうやって証明するのか。ここで、私に挑んでみていただきたい。どれだけ短くてもいいから、短い距離を言ってみてほしい。そうしたら、二フィート地点からのアキレスとカメの距離が、その短い距離より短くなっている時点を言おう。

たとえば、一〇〇〇分の一フィートという距離を言われたとしよう。一一番目のステップを終えた時点でアキレスは二フィート地点から一〇〇万分の九七七フィート、カメはその半分だけ離れている。私は一〇〇万分の二三フィートの余裕で挑戦に応えたことになる。一〇億分の一フィートと言われたとしたらどうか。三一番目のステップを終えた時点でアキレスは二フィート地点から一兆分の九三一フィート――挙げられた距離より一兆分の六九フィート短い距離だけ――離れており、カメは、やはりその半分だけ離れている。どんな距離を言われても、二フィート地点からのアキレスの距離が、それより短くなっている時点を言って、挑戦に応えることができる。このことから、競走が進むにつれて、アキレスが二フィート地点に限りなく近づいていくことがわかる。二フィートがこの競走の極限である。

ここで、この競走を無限個の部分の総和として考えるのではなく、有限の下位競走の極限として考えてみよう。たとえば、最初の競走でアキレスは一フィート地点まで走る。アキレスが走った距離は、

$$1$$

合わせて一フィートだ。次の競走でアキレスは、もともとの競走の最初の二つの部分をやる。まず一フィート走り、それから二分の一フィート走るのだ。アキレスが走った距離は全部で、

$$1+1/2$$

合わせて一・五フィートだ。三番目の競走で走る距離は、

$1+1/2+1/4$

合わせて一・七五フィートだ。こうした下位競走はどれも有限で、明確に定義できる。私たちはけっして無限大に出会わない。

ダランベールが非公式におこなったこと——そして後にフランスのオーギュスタン・コーシー、チェコのベルンハルト・ボルツァーノ、ドイツのヴァイエルストラスが公式化する操作——は、無限の和、

$1+1/2+1/4+1/8+\ldots+1/2^n+\ldots$

を次の式に書き換えることだった。

（nが∞に向かうときの）極限 $1+1/2+1/4+1/8+\ldots+1/2^n$

これは表記のごく微妙な変更だが、これが大きな違いをもたらす。

式のなかに無限があるとか、ゼロで割るとかすると、数学上の操作は――加減乗除のような単純なものさえ――ことごとく問題外になってしまう。もはや何も意味をなさない。だから、数列の無限個の項を扱うときは、＋の記号さえそれほど単純ではないようだ。だから、この章のはじめに見た無限個の＋1と－1の和は同時に0にも1にも等しいように思われるのだ。

しかし、数列の前に極限の標識を置くと、プロセスをゴールから切り離すことになる。こうして、無限大とゼロを操作するのを避けるのだ。アキレスの下位競走がそれぞれ有限であるように、極限の部分和もそれぞれ有限である。部分和も足せるし、割れるし、二乗できる。したいことは何でもできる。何もかも有限だから、数学のルールはうまくいく。操作がすべて完了すると、極限を求める。式がどこに向かうのかを突き止めるのだ。

時には極限が存在しないこともある。たとえば、無限個の＋1と－1の和には極限がない。部分和の値は1と0の間を行ったり来たりする。予測できる終点に向かっているわけではない。アキレスの競走では、部分和は1, 1.5, 1.75, 1.875, 1.9375というように増えていく。つまり、2に近づいていく。終着点――極限――があるのだ。

同じことは、導関数の計算にも当てはまる。現代の数学者は、ニュートンとライプニッツがしたようにゼロで割るのではなく、ゼロに近づいている数で割る。この割り算をおこない――ゼロがないのだから、これは文句なしに正当だ――それから極限を出す。無限小を二乗するというごまかしは姿を消し、ゼロで割って導関数を得る必要はもはやなかった（付録C参照）。

この論理は、些細なことにこだわっているようで、ニュートンの〝亡霊〟におとらず謎めいた議論のように思えるかもしれないが、実はそうではない。論理的厳密さという、数学者が求める厳しい条件を満たしている。さきほどの「挑んでくれれば」という議論はまったくなしですますことさえできる。極限の定義の仕方は他にもあるのだ。たとえば、二つの数、*lim sup* と *lim inf* の収束と呼んでもいい（これを証明するすばらしいやり方を知っているが、それを盛り込むには、この本は小さすぎる）。極限は論理的に隙がないから、極限によって導関数を定義すれば、導関数も論理的に隙がないものになる——そして微積分は確固たる基礎の上に置かれる。

もはやゼロで割る必要はなかった。数学の世界から神秘は消え去り、再び論理がこの世界を支配するようになった。平和は恐怖政治の時代までつづいた。

第6章　無限の双子——ゼロの無限の本性

神は整数をつくった。他はすべて人間のつくったものだ。
レオポルト・クロネッカー

ゼロと無限大は常に怪しいほどよく似ていた。ゼロに何を掛けてもゼロだ。無限に何を掛けても無限である。数をゼロで割ると無限大になる。数を無限大で割るとゼロになる。どんな数にゼロを足してもそのままだ。無限大に数を足しても無限大は変わらない。

この類似性はルネサンス以来明白だったが、数学者がゼロの大いなる秘密を解きあかすのはフランス革命の終わりを待たなければならなかった。

ゼロと無限大は同じコインの裏と表である。対等にして反対、陰と陽、数の世界の両極端にあって、等しい力をもつ対立物だ。ゼロの厄介な本性は無限大のもつ奇妙な力とともにあり、ゼロを探ることによって無限なるものを理解することが可能である。このことを学ぶために、数学者は虚の世界に乗り出さなければならなかった。それは、円が直線、直線が円であり、無限大とゼロが両極にある奇怪な世界だ。

虚数

……神の精神のすばらしい隠れ家——ほとんど、存在と非存在の両方にまたがっているとさえ言えるもの。

ゴットフリート・ヴィルヘルム・ライプニッツ

何百年にもわたって数学者が斥けていた数は、ゼロだけではない。ゼロがギリシア人の偏見の犠牲になったように、幾何学的に意味をなさなくて無視された数が他にもあった。その一つであるiは、ゼロの奇妙な性質を解きあかすための鍵を握っていた。

代数は、ギリシア幾何学思想とはまったく別個の、数に対する見方である。初期の代数学者は、ギリシア人がしたように放物線の内側の面積を測ろうとするのではなく、異なる数どうしの関係を表す方程式の解を見つけようとした。たとえば、簡単な方程式$4x-12=0$は、未知数xが4、12、0とどう関連しているかを記述している。代数学者の課題は、数xが何であるかを突き止めることだ。この場合、xは3である。この方程式のxに3を代入すると、方程式が満たされることがすぐにわかる。3は方程式$4x-12=0$の解だ。言い換えれば、3は式$4x-12$の零度、つまり根である。

記号を連ねて、方程式をつくりはじめると、思いがけないことが起こることがある。たとえば、今の方程式の−の記号を＋の記号に変えてみればいい。どうということもないように見える方程式$4x+12=0$ができるが、この方程式の解は-3という負の数だ。

ヨーロッパ人がゼロを何百年にもわたって斥けていた間、インドの数学者がゼロを受け入れていたように、西洋世界が負の数を無視しようとする間に東洋世界はこれを受け入れていた。一七世紀になっても、デカルトは負の数を受け入れるのを拒んだ。デカルトは負の数を〝にせの根〟と呼んだ。どうして座標系を負の数に延長しなかったのか、これで納得がいく。デカルトは古い時代の生き残りであり、代数と幾何学を結合するという自ら成し遂げた仕事の犠牲者だった。負の数は代数学者にとって——西洋の代数学者にとってさえ——ずっと前から役立ってきた。二次方程式のような方程式を解くときいつも負の数が現れる。

$4x-12=0$のような一次方程式は、ごく簡単に解けてしまい、代数学者はあまり長くは一次方程式で楽しめなかった。そこで代数学者はまもなくもっとむずかしい問題に目を向けた。二次方程式——$x^2-1=0$のようにx^2の項ではじまる方程式——だ。二次方程式は一次方程式より込み入っている。根が二つありうる。たとえば、$x^2-1=0$には解が二つある。1と-1だ（この方程式のxに1か-1を代入してみればいい）。二つの解のどちらも当てはまる。実は式x^2-1を分解して$(x-1)(x+1)$とすると、xが1か-1の場合にゼロになることが見やすくなる。

二次方程式は一次方程式より込み入っているが、二次方程式の根が何であるかをはじきだす簡単なやり方がある。有名な、二次方程式の解の公式だ。これを覚えることは、高校生にとって代数の授業におけるこの上ない偉業である。二次方程式$ax^2+bx+c=0$の根を見つけるための公式は次のようになる。

$$x=\frac{-b\pm\sqrt{b^2-4ac}}{2a}$$

＋の記号で一方の、－の記号でもう一方の解が出る。二次方程式は何百年来知られている。九世紀の数学者、アルフワリズミは、負の数を根と見なさなかったようだが、ほとんどあらゆる二次方程式を解くすべを知っていた。それからほどなく、代数学者は負の数を方程式の妥当な解として受け入れるようになった。だが、虚数は少し違っていた。

虚数は一次方程式にはけっして現れなかったが、二次方程式に取りかかると、突然現れた。方程式$x^2+1=0$を考えよう。この方程式の解となる数はないように思われる。-1, 3, -750, 235.23、その他、思いつくかぎりのどんな正の数、負の数を入れても、おかしくなってしまう。この式は分解されない。さらに悪いことに、この二次方程式を解こうとすると、ばかばかしいように思われる答えが二つ出てきてしまう。

$$+\sqrt{-1} \text{ と } -\sqrt{-1}$$

この二つの式は意味をなさないように見える。インドの数学者、バスカラは一二世紀にこう書いている。「負の数の平方根はない。負の数は平方ではないからである」バスカラらが気づいていたのは、次のことだ。正の数を二乗すると、正の数になる。たとえば、$2\times2=4$だ。負の数を二乗してもやはり正の数になる。$-2\times-2=4$だ。ゼロを二乗すると、ゼロになる。正の数、負の数、ゼロのいずれを二乗しても、負ではない数が出てくる。数直線上の数にはこの三つの可能性しかない。つまり、数直線上に、二乗すると負になる数などない。負の数の平方根というのは、ばかげた概念のように思われた。

デカルトは、こうした数は負の数よりさらに悪いと考えた。負の数の平方根に、あざけりを込めた名前をつけた。虚構なる数、虚数だ。この名前は根づいてしまい、英語では imaginary number となり、-1の平方根の記号はiとなった。

代数学者はiを好んだ。それ以外のほとんど誰もがこれを嫌った。多項式――xの累乗を含む$x^3+3x+1=0$のような方程式――を解くのに、iはすばらしい働きを示した。実際、数の世界にiを受け入れると、あらゆる多項式が解けるようになる。x^2+1は突然

$(x-i)(x+i)$ に分かれる。つまり、方程式$x^2+1=0$の根は$+i$と$-i$だ。x^3-x^2+x-1のような三次式は、$(x-1)(x+i)(x-i)$ のように、三つに分かれる。四次式——x^4の項が先頭にくるもの——は、四つの項に分かれ、五次式——x^5の項が先頭にくるもの——は、五つに分かれる。n次の多項式——x^nの項が先頭にくるもの——は、n個の項に分かれる。これが代数の基本定理だ。

早くも一六世紀に、数学者はiを含む数——いわゆる複素数——を用いて、三次、四次の多項式を解いていた。多くの数学者が複素数を便利な虚構と見る一方で、そこに神を見る者もいた。

ライプニッツは、iは存在と非存在が奇妙に入り交じったものだと考えた。二進法の1（神）と0（無）の中間のようなものだというのだ。ライプニッツはiを精霊になぞらえた。どちらも形がなく、実体があるかないかの存在だ。しかし、ライプニッツさえ、iによってやがてゼロと無限大の関係が明らかになるとは思っていなかった。数学上の二つの重要な展開があってはじめて、その真のつながりが暴かれることになる。

ポイント・アンド・カウンターポイント

そうすれば、すでに知られている性質、また、通常の幾何学では容易に扱えないように思われる無数の性質が、こうした概念からいかに簡単に導き出されるかがわかる。

ジャン・ヴィクトル・ポンスレ

一つ目の展開——射影幾何学——は戦争の混乱のなかで生まれた。一八世紀は、フランス、イギリス、オーストリア、プロイセン、スペイン、オランダなどの国々が覇権を争っていた。同盟が結ばれては破棄された。植民地をめぐって新たな領土紛争が噴出し、国々が新世界との貿易を支配しようと争った。フランス、イギリスなどの国々は、一八世紀前半を通じて小競り合いをつづけ、ニュートンが死んでからおよそ四半世紀後、全面戦争が勃発した。フランス、オーストリア、スペイン、ロシアが、イギリスおよびプロイセンと九年にわたって戦った。

一七六三年、フランスが降伏し、七年戦争は終わった（宣戦布告がなされる前に、二年にわたって戦闘がおこなわれていたのだ）。この勝利でイギリスは世界最強の国となったが、そのために大きな代償を支払った。フランスとイギリスはともに、疲弊し、債務を抱えていた。そして、ともにその帰結として、革命に見舞われることになる。七年戦争が終わって十数年後、アメリカ独立革命がはじまった。この反乱でイギリスはもっとも豊かな植民地を失うことになる。一七八九年、ジョージ・ワシントンが宣誓をして、建国されたばかりのアメリカ合衆国の大統領となる一方、フランス革命がはじまった。四年後、革命派は王の首をはねた。

　革命政府による王の処刑の記録には、数学者のガスパール・モンジュが署名した。モンジュは幾何学の大家で、三次元幾何学の専門家だった。建築家と技術者がどのように建物を立てたり機械を組み立てたりするかに責任を負っていた。建築家や技術者は設計を垂直面や水平面に投影して、その対象を再建するのに必要な情報をすべて保存していた。モンジュの仕事は軍にとって重要で、その多くが、革命政府によって、また、まもなく後を継いだナポレオンによって国家機密とされた。

　ジャン・ヴィクトル・ポンスレはモンジュの教え子で、ナポレオンの軍隊の技術者となるための勉強をしていて三次元幾何学について学んだ。運の悪いことにポンスレは、ちょうどナポレオンがモスクワへの進軍を開始するときに軍に入ってしまった。

　モスクワから撤退するとき、ナポレオンの軍は、過酷な冬そして同じくらい過酷なロシア軍に兵力を削がれ、全滅に近かった。クラスノイの戦いで、ポンスレは死んだものとして戦場に置きざりにされた。しかし、まだ生きていて、ロシア軍の捕虜となった。そしてロシアの収容所で新しい分野を切り開いた。それが射影幾何学だ。

　写実的に描くすべ――遠近法――を発見した、フィリッポ・ブルネレスキやレオナルド・ダヴィンチのような一五世紀の芸術家や建築家がはじめた仕事の集大成が、ポンスレの

図29　楕円の内部の光線

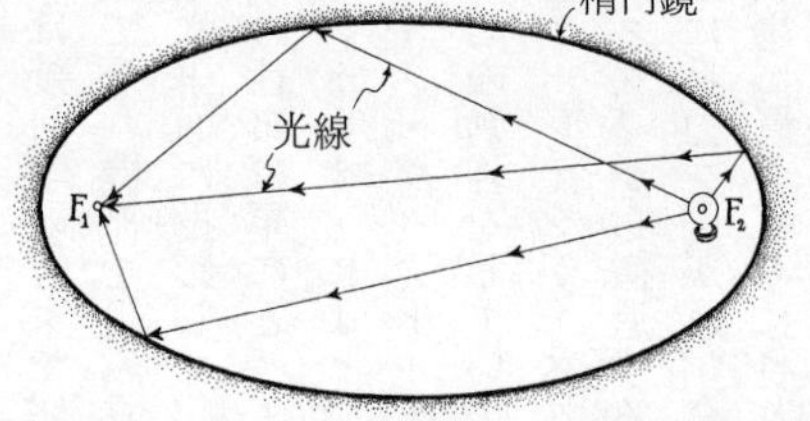

数学だった。絵のなかの消失点に「平行」線が収束すると、見ている者は、だまされて、線どうしがけっして交わらないように思ってしまう。床の正方形は絵のなかでは台形になり、何もかもが穏やかにゆがめられるが、見る者にとっては文句なしに自然に見える。これこそ、無限に遠い点、無限遠点――無限大の距離にあるゼロ――の性質だった。

惑星が楕円運動をすることを発見したヨハネス・ケプラーは、この考え――無限遠点――を一歩進めた。楕円には中心、いわゆる焦点が二つある。楕円が細長いほど、焦点は離れている。そして、楕円はすべて同じ性質を備えている。楕円形の鏡の一方の焦点に電球を置けば、楕円がどれほど細長くても、光線はすべてもう一方の焦点に集まる(図29)。

ケプラーは頭のなかで楕円を引き伸ばし、一方の焦点をどんどん引き離していった。そして、もう一つの焦点が無限に遠ざかると想像した。もう一つの焦点は無限遠点だと。突然、楕円は放物線になり、一点に集まる線は平行線にな

図30　楕円を引き伸ばすと、放物線ができる。

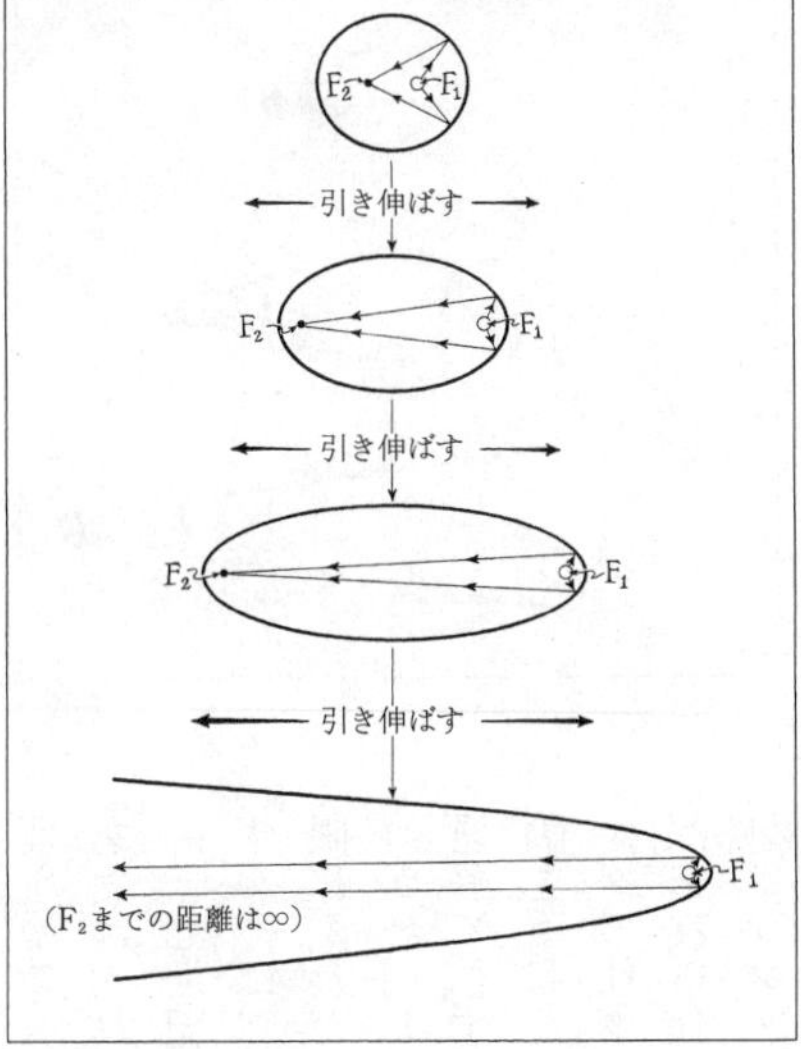

る。放物線とは、片方の焦点が無限のかなたにある楕円なのだ（図30）。

　このことは、懐中電灯を使えばよくわかる。暗い部屋に入り、壁ぎわに立って、懐中電灯の光を壁に向けてみればいい。きれいな、光の円が壁に投げかけられる。今度は、懐中電灯をゆっくり上に向ける（図31）。すると、円は伸びて楕円になり、懐中電灯の傾きが増すにつれて、楕円は細長くなっていく。やがて突然、楕円は開いてしまい、放物線になる。こうしてケプラーが考えた無限遠点によって、放物線と楕円が実は同じものであることが証明された。ここ

図31　懐中電灯の光が形づくる楕円と放物線

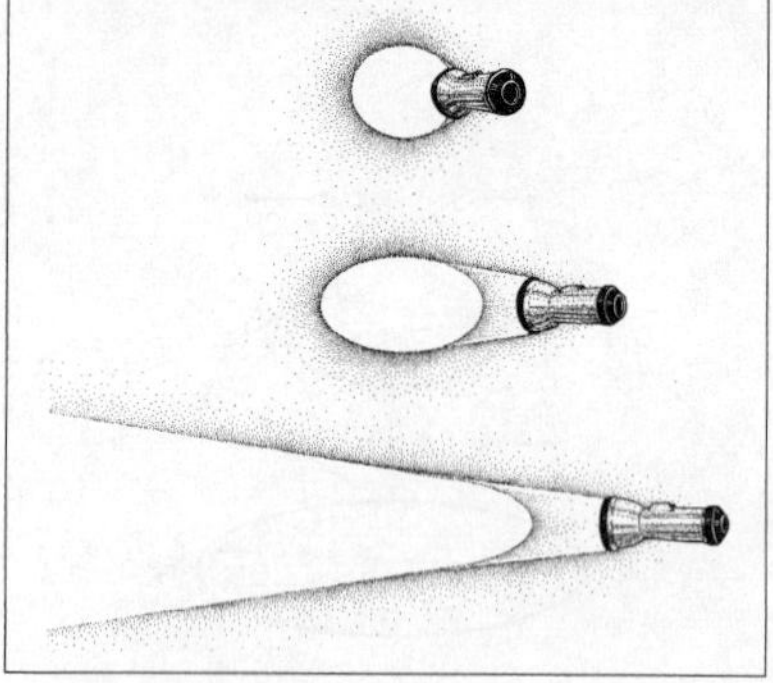

に、射影幾何学という分野がはじまったのだ。数学者は、幾何学図形の影、射影を眺めて、放物線と楕円が等しいことよりもさらに強力な隠れた真理を暴こうとした。しかし、すべては、無限遠点を受け入れることにかかっていた。

一七世紀のフランスの建築家、ジェラール・デザルグは、射影幾何学の草分けの一人だった。無限に離れた点を使って、新しい重要な定理をいくつか証明したが、同僚たちは、デザルグの用語が理解できず、デザルグはどうかしているという結論を下した。ブレーズ・パスカルのように、デザルグの仕事を理解する数学者もいたが、この仕事は忘れられてしまった。

ジャン・ヴィクトル・ポンスレにとって、こうしたことは問題ではなかった。モンジュの教え子としてポンスレは、図を二つの平面に投影する手法を学んでいたし、捕虜として時間はありあまっていた。収容所生活を利用して、無限遠点の概念をつくりなおし、これにモンジュの仕事を結びつけて、最初の真の射影幾何学者となった。ロシアから（当時すでに古くさい珍妙なものとなっていたロシアの計算盤をもって）戻ると、この分野を高等な学問に高めた。*しかし、射影幾何学によってゼロの謎めいた本性が明らかになるとは思ってもいなかった。第二の重要な前進、複素平面がまだ必要だったからだ。パズルのこのピースを見るには、ドイツに目を向けなければならない。

＊ポンスレの射影幾何学は、数学でもっとも奇妙な概念の一つをもたらした。それは、双対性の原理だ。高校の幾何で、二つの点があれば、一本の直線が決まると教えられる。ところが、無限に離れた点の概念を受け入れると、二本の直線があれば常に一つの点が決まる。点と線は互いに双対関係にある。ユークリッド幾何学の定理それぞれについて、それと双対関係にある射影幾何学の定理をつくれる、つまり、射影幾何学の平行宇宙で新しい一組の定理を定めることができる。

一七七七年に生まれたカール・フリードリヒ・ガウスはドイツの神童で、虚数の研究で数学者としての歩みをはじめた。博士論文は代数の基本定理の証明――n次の多項式に根がn個あることを証明するもの――だった。これは、実数とともに虚数を受け入れた場合にのみ真だった。

　生涯を通じてガウスは信じられないほど多様な主題に取り組んだ——ガウスが曲率についておこなった仕事は、アインシュタインの一般相対性理論の重要な要素となった——が、数学のなかにある、まったく新しい構造を明らかにしたのは、ガウスが複素数を図示したやり方だった。

　一八三〇年代にガウスは、一つ一つの複素数——$1-2i$のように実数部分と虚数部分をもつ数——をデカルト座標系の上で表示できることに気づいた。横軸は複素数の実数部分

図32　複素平面

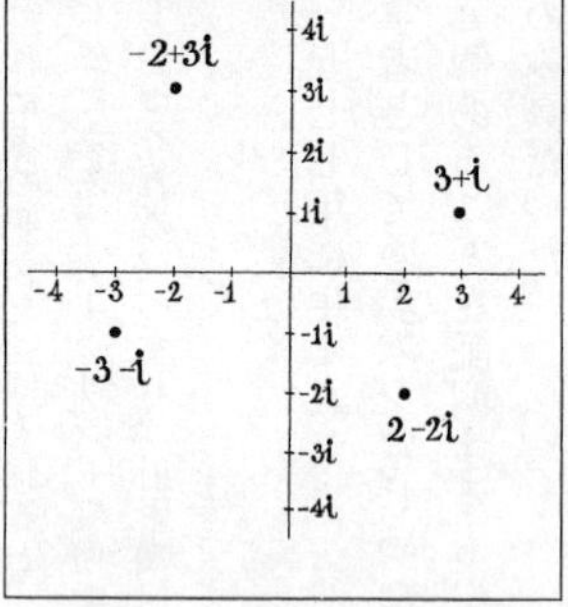

図33　iの角度は90度。

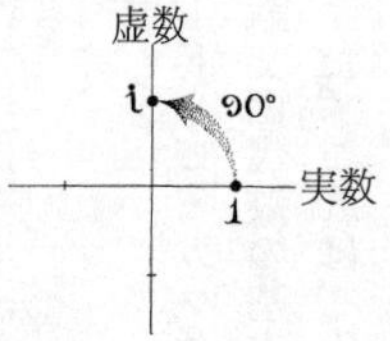

図34　iの累乗

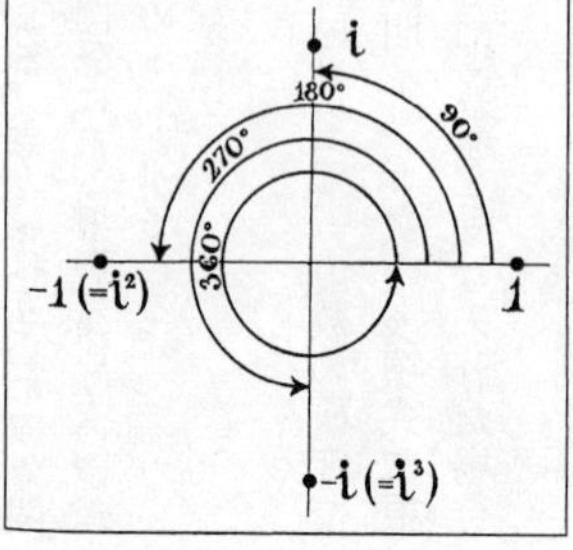

図35　単位円の内と外のらせん

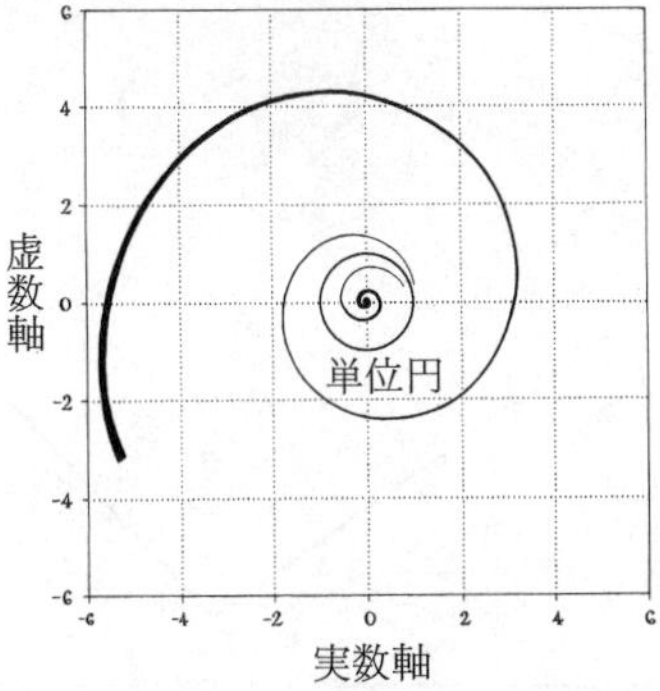

を、縦軸は虚数部分を表す（図32）。複素平面と呼ばれるこの単純な図から、数の仕組みについて多くのことが明らかになった。数iを例にとろう。iとx軸の間の角度は九〇度である（図33）。iを二乗するとどうなるだろうか。定義により、$i^2=-1$――x軸からの角度が一八〇度の点だ。角度は倍になった。数i^3は$-i$に等しい――x軸から二七〇度だ。角度は三倍になった。数$i^4=1$。角度は三六〇度――最初の角度のちょうど四倍だ（図34）。これは偶然ではない。どれでもいいから複素数の角度を測ってみればいい。その数をn乗すれば、角度はn倍になる。その数を何度も掛け合わせつづければ、その数が単位円、つまり原点を中心とする半径1の円の外側にあるか内側にあるか次第で、内あるいは外に向かってらせんを描く（図35）。複素平

図36　平面への地球の投影

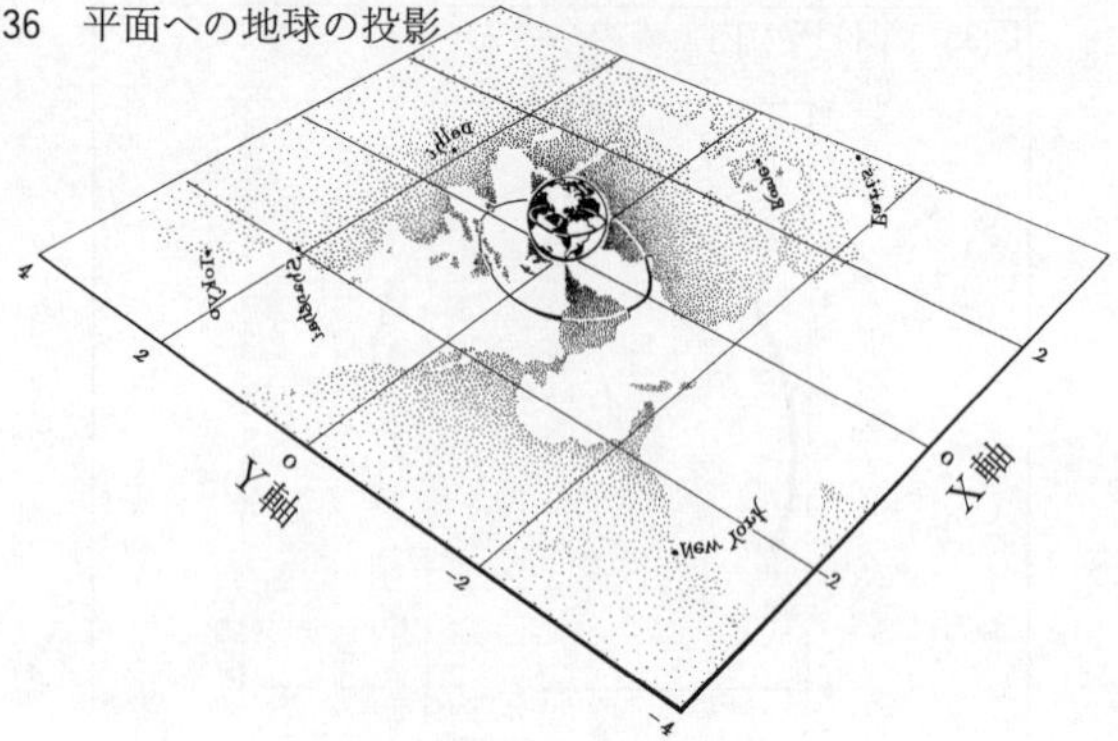

面での掛け算と累乗は幾何学的概念になった。実際にそれを目の当たりにすることができる。これが第二の大きな前進だった。

　この二つの概念を組み合わせたのは、ガウスの教え子、ゲオルク・フリードリヒ・ベルンハルト・リーマンだった。リーマンは射影幾何学と複素数を融合させ、突然、直線が円に、円が直線に、ゼロと無限大が数に満ちた球の両極になった。

　リーマンは、こんなことを想像した。半透明のボールが複素平面に載っており、ボールの南極はゼロに接している。ボールの北極に小さな明かりがあれば、ボールの表面に記された図形はすべて下の平面に影を投げかける。赤道の影は原点を中心とする円だ。南半球の影は、その円の内側、北半球の影は外側である（図36）。原点——ゼロ——は南極に対応する。ボールの表面のあらゆる点が複素平面上に影を投げかける。ある意味で、

図37　直線と円は同じものである。

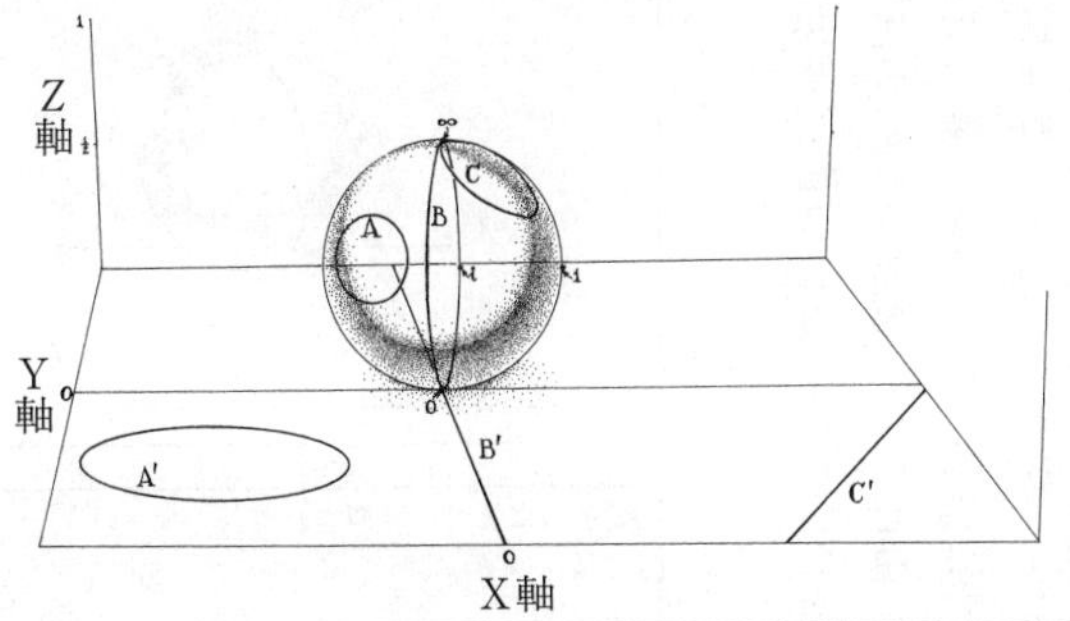

ボールの表面のすべての点は、複素平面上にあるその影と等価であり、その逆も成り立つ。複素平面上のあらゆる円は、ボールの表面にある円の影であり、ボールの表面にある円は複素平面上の円に対応する。……ただし例外がある。

ボールの北極を通る円の影は円ではない。直線だ。北極は、ケプラーとポンスレが想像した無限遠点である。複素平面上の直線は、球の表面にある、北極——無限遠点——を通る円だ（図37）。（無限遠点をもつ）複素平面が球と同じものであることにリーマンが気づくと、数学者は、球がゆがみ回転する仕方を分析することによって、掛け算、割り算、そしてもっとむずかしい操作も理解できるようになった。たとえば、iという数を掛けるのは、球を時計回りに九〇度回転させるのに等しい。数xを（x－1）／（x＋1）で置き換えられるのは、北極と南極が赤道のところにくるよう球を90度回転させるに等しい（図38、39、40）。もっとも興味深いのは、数xをその逆数1／xで置き換えるのが、球を逆さまにして、鏡に映すのに等しいことだ。北極は南極に、南極は北極になる。ゼロは無限大に、無限大はゼロになる。すべて、球の幾何学的構造に組み込まれている。1／0＝∞かつ1／∞＝0。無限大とゼロはリーマン球面の両極であり、両者は一瞬のうちに入れ換わりうる。そして、同等で反対の力をもっている。

図38　リーマン球

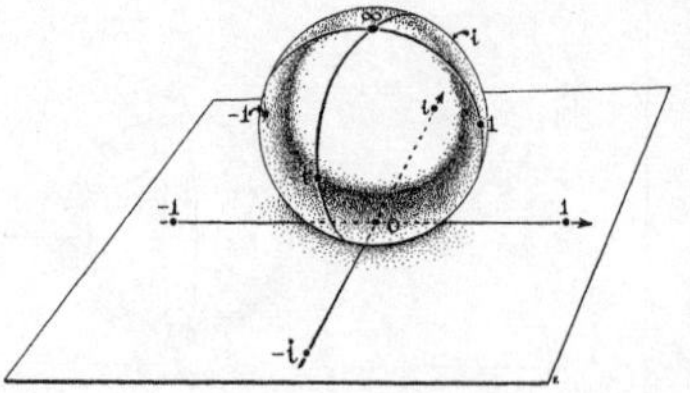

図39　iによって変換されたリーマン球

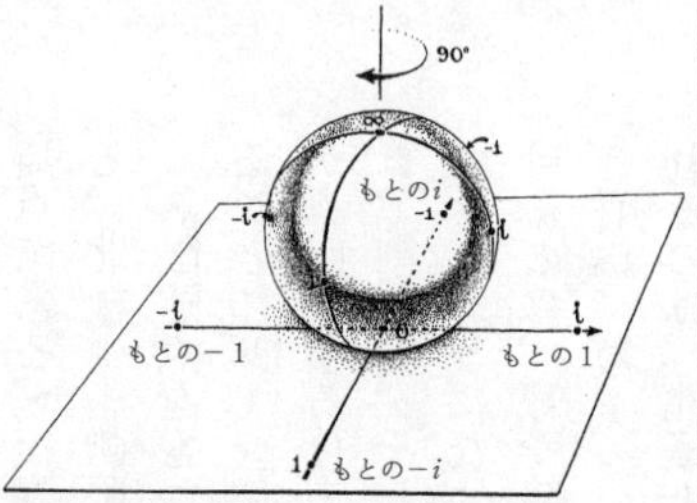

図40　（x－１）（x＋１）によって変換されたリーマン球

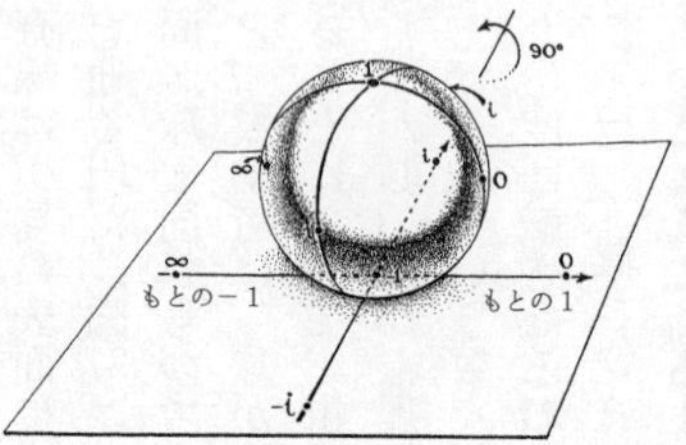

複素平面上の数すべてに2を掛けてみよう。これは、南極に手を当てて、球をおおうゴムのカバーを南極から北極のほうに引き伸ばすのに似ている。0.5を掛けるのは、その逆の効果をもつ。ゴムのカバーを北極から南極のほうに引き伸ばすのに似ている。無限大を掛けるのは、南極に針を刺すようなものだ。ゴムシートは北極のほうに跳ね上がる。何に無限大を掛けても無限大だ。ゼロを掛けるのは、北極に針を刺すようなもので、すべてがゼロに集まる。何にゼロを掛けてもゼロだ。無限大とゼロの力は等しくて反対――同等に破壊的なのだ。

ゼロと無限大は、あらゆる数を飲み込む闘いを永遠につづける。マニ教の悪夢のように、両者は数の球の両極にあって、小さなブラックホールのように数を吸い込む。平面上のどの数でもいい。議論の便宜上、$i/2$を選ぼう。これを二乗する。三乗する。四乗する。五乗。六乗。七乗。掛け合わせつづける。すると、排水口に流れ落ちる水のように、らせんを描きながら、ゆっくりゼロに近づいていく。$2i$はどうなるのか。正反対だ。これを二乗する。三乗する。四乗する。らせんを描きながら外に向かう（図41）。しかし、この二本の曲線は、球面の上ではそっくりである。互いの鏡像になっているのだ（図42）。複素平面上のあらゆる数はこの運命に甘んじる。0か∞に向かって否応なく引き寄せられる。この運命を免れるのは、二つの対立物から等距離にある数――1、−1、iのような赤道上の数――だけだ。こうした数は、ゼロと無限大の両方に引っ張られ、赤道上をいつまでも回

図41　複素平面上で内と外にらせんを描くのは……

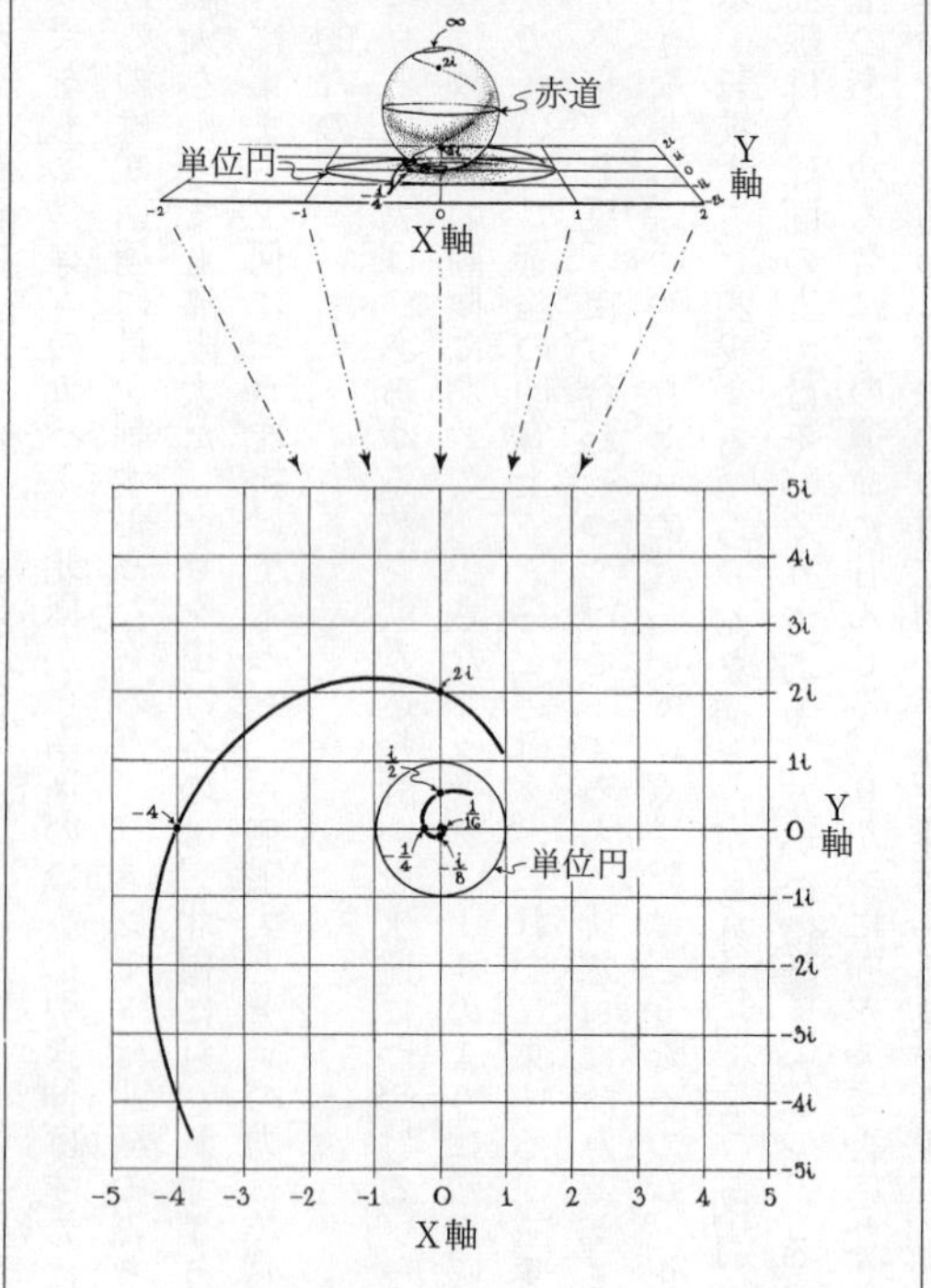

図42　……球面上の鏡像である

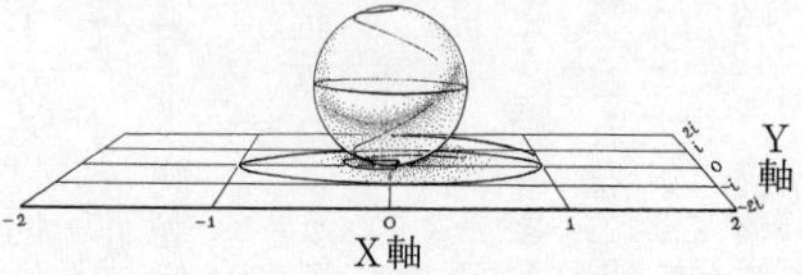

りつづける。どちらの支配力からも逃れられない（このことは手元の計算機で確かめられる。数を入れる。どんな数でもいい。二乗する。また二乗する。それを繰り返す。最初に1か−1を入れたのでなければ、数字はたちまち無限大かゼロに向かう。逃げ道はない）。

無限なるゼロ

私の理論は岩のごとくしっかりしている。この理論に向けられた矢はことごとくたちまち射手自身に返ってくる。どうしてそうだとわかるのか。研究したからだ。……あらゆる創造物の最初の絶対確実な原因まで、その根源をたどったのだ。

ゲオルク・カントール

無限大はもはや神秘的なものではなかった。普通の数になった。ピンで固定され、研究されようとしている標本であり、数学者は素早くこれを分析した。ところが、もっとも深い無限大——数の連続体のうちに潜んでいる無限大——のなかに何かにつけゼロが現れた。何より驚いたことに、無限大そのものがゼロでありうるのだ。

複素平面は実は球であるとリーマンが気づく以前、数学者は1／xのような関数に悩まされたものだった。xがゼロに近づくと、$1/x$はどんどん大きくなり、最後にはまさに爆発して無限大に向かう。リーマンによって、数が無限大に向かうのは文句なしに受け入れられることになった。無限大は、他のどの点とも同じような、球の表面の点にすぎないから、もはや恐れるべきものではなかった。はたして、数学者は、関数が爆発してしまう点、〝特異点〟を解析、分類しはじめた。

曲線$1/x$は点$x=0$に特異点がある。数学者が〝極〟と名づけた、ごく単純な種類の特異点だ。特異点には他にもさまざまな種類がある。たとえば、曲線$\sin(1/x)$は点$x=0$に〝真性〟特異点がある。真性特異点はいわば奇妙な獣だ。この種の特異点の近くにくると、曲線がどうしようもなく暴れだす。上下に振動し、特異点に近づくにつれて振動の速さを増しながら、正負の間を行き来する。特異点のすぐそばでも、曲線はほとんどあらゆる値を繰り返しとる。だが、こうした特異点は、奇妙な振る舞いを見せても、もはや数学者にとって神秘的ではなく、数学者は無限なるものを分析するすべを身につけていった。

無限なるものの分析の大家はゲオルク・カントールだった。カントールは一八四五年にロシアで生まれたが、生涯の大半をドイツで過ごした。無限大の秘密が明らかにされた場所は、ドイツ——ガウスとリーマンの国——だった。あいにく、ドイツは、カントールを精神病院に追いやることになる数学者、レオポルト・クロネッカーの国でもあった。

クロネッカーとのカントールの対立の底には、無限に対するある見方があった。その見方を理解するには簡単なパズルを考えればいい。こんなことを想像すればいいのだ。人でいっぱいの大きなスタジアムがある。席のほうが多いか、人のほうが多いか、どちらの数も同じか、それを知りたい。人の数を数え、席の数も数えて、二つの数をくらべてもいいが、それでは時間がかかる。それよりずっとうまいやり方がある。全員に席に着くよう頼めばいい。空席があれば、人が足りない。立ったままの人がいれば、席が足りない。席がすべて埋まり、立ったままの人がいなければ、人の数と席の数は等しい。

カントールは、このやり方を一般化した。数からなる二つの集合の一方が、もう一方の上に〝座る〟ことができるとき、二つの集合の大きさは同じだと言ったのだ。例として集合｛1、2、3｝を考えよう。これは｛2、4、6｝と大きさが同じである。全員が〝着席〟し、すべての〝席〟が埋まるよう、完璧に席の割り当てができるからだ。

1　2　3
—　—　—
2　4　6

だが、｛2、4、6、8｝とは大きさが異なる。

1 — 2 — 3 — ……

2 — 4 — 6 — 8 — ……

8が「空席」だからだ。

無限集合となると、話が面白くなる。整数の集合{0、1、2、3、4、5、……}を考えよう。当然ながら、この集合はそれ自身に等しい。それぞれの数をそれ自身の上に「座らせる」ことができる。

0 — 1 — 2 — 3 — 4 — 5 ……

0 — 1 — 2 — 3 — 4 — 5 ……

ここには何の離れ業もない。どの集合も明らかにそれ自身に等しい。だが、集合から数を取り去るとどうなるだろう。たとえば、0を取り去ったら? おかしなことに、0を取り去っても、集合の大きさはまったく変わらない。全員に少しずれてもらうだけで、誰もが席に着き、すべての席がやはり埋まる。

1 — 0
2 — 1
3 — 2
4 — 3
5 — 4
6 — 5
…… ……

要素を一つ取り去ったのに、集合の大きさは前と同じだ。それどころか、整数の集合から要素を無限個取り去っても——たとえば、奇数をすべて取り去っても——集合の大きさは変わらない。やはり誰もが席に着き、どの席も埋まっている。

0 — 0
2 — 1
4 — 2
6 — 3
8 — 4
10 — 5
…… ……

これこそ無限大の定義だ。無限大とは、そこからいくらか引いても同じ大きさを保ちうるものである。

偶数、奇数、整数——これらの集合はすべて大きさが同じだ。カントールはまもなくこの大きさを$\aleph_0$（ヘブライ語のアルファベットの最初の文字にちなんで、アレフゼロ）と名づけた。こうした数は、ものを数えるのに使われる数と大きさが同じなので、大きさ$\aleph_0$の集合を、数えられるという意味で、〝可算集合〟と言う（もちろん、無限の時間があるのでもないかぎり、実際には数えることなどできない）。有理数――整数aとbに対してa/bと書き表せる数の集合――でさえ可算集合だ。うまいやり方で有理数をしかるべき席に着かせることによって、カントールは、有理数が大きさ$\aleph_0$の集合であることを証明した（付録D参照）。

だが、ピュタゴラスも知っていたとおり、有理数がすべてではない。いわゆる実数は、有理数と無理数の両方からなる。カントールは、実数の集合が有理数の集合よりずっと大きいことを発見した。その証明は実に単純なものだった。

ここで、すでに実数に席を割り当てる完璧な案があると想像しよう。どの実数にも席があり、どの席も埋まる。これは、席の番号とそこに座る実数を示すリストをつくれるということだ。たとえば、リストは次のようなものかもしれない。

席	実数
1	.3125123…
2	.7843122…
3	.9999999…
4	.6261000…
5	.3671123…
などなど	などなど

カントールの巧みさは、リストにない実数をつくりだすところにあった。

一番目の数の一桁目を見よう。私たちの例では、3だ。新たな数が一番目の数に等しいとしたら、一桁目が3であることになる。しかし、これは簡単に防ぐことができる。新たな数の一桁目は2だとしよう。リストの一番目の数は3ではじまり、新たな数は2ではじまるから、二つの数が違っていることがわかる（厳密に言えば、これは正しくない。数0.300000…は0.2999999…に等しい。多くの有理数に書き表し方が二通りある。しかし、これは些細な点であり、たやすく克服できる。議論をわかりやすくするために、こういう例外は無視しよう）。

二つ目の数に移ろう。新たな数がリストの二つ目の数と同じにならないようにするにはどうすればいいだろうか。新たな数の一桁目をすでに決めているから、まったく同じことをするわけにはいかないが、似たようなことはできる。二番目の数の二桁目は8だ。新たな数の二桁目を7にすれば、新たな数がリストの二番目の数と同じにならないようにすることができる。何しろ二桁目が合っていないのだから、同じ数ではない。さらに下のほうの数についても同じことをする。三つ目の数の三桁目と違う数、四つ目の数の四桁目と違う数、などなど。

席	実数	
1	.③125123…	新たな数の1桁目は2（3と異なる）。
2	.7⑧43122…	新たな数の2桁目は7（8と異なる）。
3	.99⑨9999…	新たな数の3桁目は8（9と異なる）。
4	.626①000…	新たな数の4桁目は0（1と異なる）。
5	.3671①23…	新たな数の5桁目は0（1と異なる）。
などなど	などなど	

こうしてできる新たな数、0.27800…は

一番目の数と異なる（一桁目が合っていない）。
二番目の数と異なる（二桁目が合っていない）。
三番目の数と異なる（三桁目が合っていない）。
四番目の数と異なる（四桁目が合っていない）。
以下同様。

こうして対角線を下って、新たな数をつくりだす。この手続きを踏めば、この数は、リストに載っているどの数とも同じにならない。リスト上のどの数とも異なっていれば、リストに載っているはずがない——が、私たちは、実数はすべてこのリストに載っていると想定していた。何しろ、これは完璧な座席表なのだ。これは矛盾である。完璧な座席表など存在しえないのだ。

実数の集合は有理数の集合より大きな無限大である。この種の無限大は$\aleph_1$と呼ばれた。最初の〝不可算無限〟だ（実線の無限大はC、つまり〝連続体無限〟と呼ばれた。長年にわたって数学者は、Cが本当に$\aleph_1$かどうかを確定すべく奮闘した。一九六三年に数学者のポール・コーエンが、この難問、いわゆる連続体仮説が証明可能でも反証可能でもないことを、ゲーデルの不完全性定理によって証明した。今日、おおかたの数学者は、連続体仮説を真理と受け入れている。ただし、連続体仮説が偽と見なされる〝非カントール的超限数〟を研究する者もいる)。カントールの頭のなかでは、無限大——超限数——が無限個あり、それぞれが他の無限大に潜んでいた。$\aleph_0$は$\aleph_1$より小さく、$\aleph_1$は$\aleph_2$より小さく、$\aleph_2$は$\aleph_3$より小さく、以下同様。この連鎖の頂点には、他の無限大すべてを飲み込む究極の無限大がある。それは神、あらゆる理解を超える無限だ。

カントールにとって不幸なことに、誰もが神について同じ見方をしていたわけではなかった。レオポルト・クロネッカーはベルリン大学の傑出した教授で、カントールの師だった。そして、こう信じていた。神は無理数のような無様なものは許さない。まして、ロシアのマトリョーシュカ人形のような入れ子構造をなして、どこまでも増えていく無限の集合など。整数こそ神の純粋さを体現しており、無理数その他の奇妙な数の集合は忌まわしいもの——人間の不完全な頭がつくりだした虚構——だ。なかでもカントールの超限数は最悪だと。

カントールに嫌悪を抱いたクロネッカーはカントールの仕事を激しく攻撃し、カントールが論文を発表するのをきわめてむずかしくした。カントールは、一八八三年にベルリン大学のポストに応募して、落とされた。威信という点ではずっと劣るハレ大学の教授職に甘んじなければならなかった。ベルリンで影響力のあったクロネッカーのせいだったようだ。同じ年、カントールはクロネッカーの攻撃に対する自己弁護の文章を書いた。そして一八八四年、気が滅入ったカントールは神経衰弱に陥った。

カントールにとって、自分の仕事が数学の新たな分野、集合論の基礎になったことはあまり慰めにならなかった。数学者は集合論を用いて、私たちが知っている数をまったくの無から創造するばかりでなく、それまで誰も聞いたことのなかった数――普通の数とまったく同じように、足し合わせたり掛け合わせたり、他のを引いたり、他ので割ったりできる無限個の無限――を創造することになる。カントールは、新しい数の世界を切り開いた。ドイツの数学者、ダーヴィット・ヒルベルトはこう言った。「誰もカントールが創造してくれた楽園から私たちを追放することはできない」。だが、カントールにとっては遅すぎた。カントールは、その後、精神病院への入退院を繰り返し、一九一八年にハレの精神病院で死んだ。

クロネッカーとカントールの闘いでは、カントールが最後に勝利する。カントールの理論は、クロネッカーが大切にする整数は――有理数さえ――無であることを示す。整数は無限なるゼロなのだ。

有理数は無限にあり、数を二つ選べば、その二つがいくら近くても、その間にやはり有理数が無限にある。有理数はいたるところにあるのだ。だが、カントールの無限の階層は異なる話を物語る。有理数が数直線上でいかにわずかな空間しか占めていないかを示すのだ。

このような複雑な計算をするには、うまいこつが要る。不規則な形をした物体の面積を測るのはたいへんむずかしい。たとえば、木の床にしみができてしまったとしよう。しみの面積はどのくらいだろうか。それほど明らかではない。しみが円や正方形や三角形のような形をしていれば、簡単に面積を出せる。定規で半径あるいは底辺と高さを測るだけでいい。アメーバのようなぐちゃぐちゃな形のしみの面積を出す公式などない。しかし、別の方法がある。

正方形の敷物をしみの上におく。敷物がしみを完全におおってしまえば、しみは敷物より小さいとわかる。敷物が一平方フィートなら、しみの面積は一平方フィートより小さい。用いる敷物が小さいほど、近似の正確さは増す。たとえば、しみが一辺四分の一フィート、面積一六分の一平方フィートの敷物五枚でおおわれたとすると、敷物の面積が一六分の五平方フィート以下であることがわかる。これは一平方フィートの敷物で出した近似値より小さい。用いる敷物を小さくすればするほど、しみをおおう敷物の総面積はしみの面積に近づく。実際、しみの大きさは、敷物の大きさがゼロに近づくときの総面積の極限と定義できる（図43）。

有理数について同じことをしよう。使うのは敷物ではなく数の集合だ。例を上げれば、2.5という数は、たとえば、2と3の間にあるすべての数の集合――大きさ1の敷物――によって〝おおわれる〟。このような敷物を使って、有理数をおおうと、実におかしなことが生じることを、カントールは例の座席表を使ってすぐに証明した。あの座席表は、有

図43　しみをおおう。

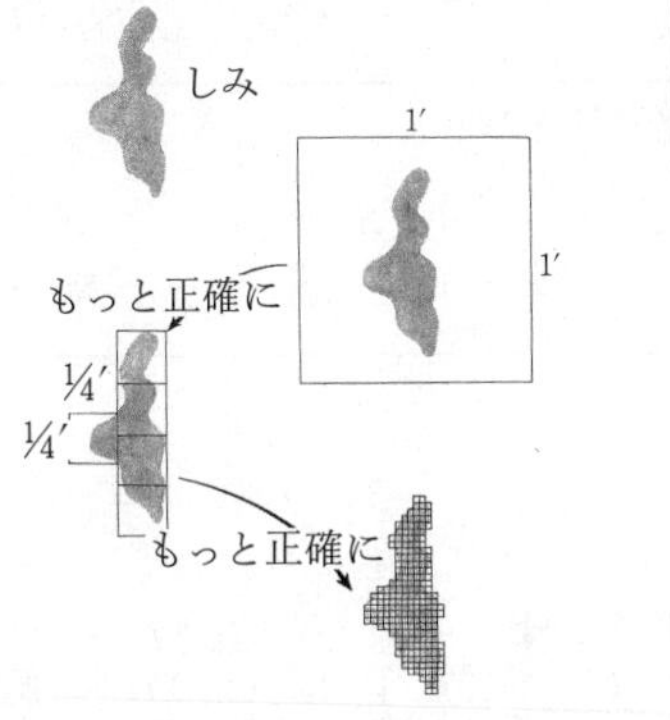

理数をすべて扱っている──それぞれに席を一つ割り当てている──ので、座席番号順に一つ一つ数えていくことができる。最初の有理数が数直線上にあるのを想像してみよう。そして、大きさ1の敷物でおおってみよう。その敷物によって他にも多くの数がおおわれるが、気にすることはない。最初の数がおおわれさえすればいいのだ。

今度は二番目の数だ。これを大きさ1／2の敷物でおおう。三番目の数を大きさ1／4の敷物でおおう。以下、同様の作業を無限につづける。どの有理数も、座席表に載っているのだから、いずれ敷物におおわれる。敷物の総面積はいくらだろうか。お馴染みのアキレスの和だ。敷物の面積を足し合わせていくと、nが無限大に向かうときの、1＋1／2＋1／4＋1／8＋…＋1／2^nの値になり、2に近づく。一組の敷物で数

図44　有理数をおおう。

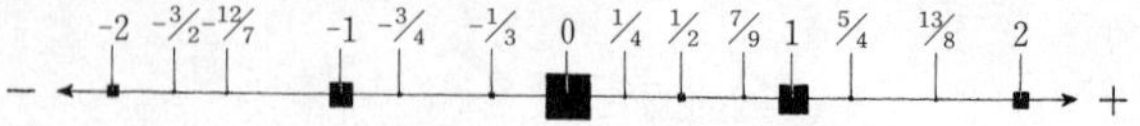

直線上の無限個の有理数をおおうことができ、敷物の総面積は2だ。つまり、有理数が占める空間は一単位に満たないのである。

しみについてしたように、有理数の量のもっと正確な近似値を出すために、敷物の大きさをさらに小さくしよう。大きさ1ではなく、大きさ1／2の敷物から出発すれば、敷物の総面積は1に等しくなる。有理数が全部で占める空間は一単位に満たない。大きさ1／1000の敷物から出発すれば、敷物が全部で占める空間は1／500単位に満たない。原子の半分の大きさの敷物から出発すれば、合わせて原子一個以下の空間しか占めない敷物で、数直線上の有理数をすべておおうことができる。だが、合わせて原子一個の空間におさまってしまうこれら小さな敷物でさえ、有理数をすべておおってしまうのだ（図44）。

出る値は小さくなっていく。使う敷物を小さくすればするだけ。合わせて原子の半分の――あるいは中性子の――あるいはクォークの――それどころか、想像できるかぎり小さな——空間におさまる敷物で有理数をおおえる。

では、有理数の量の大きさはどれだけなのか。私たちは大きさを、極限——個々の敷物の大きさがゼロに近づくときの敷物の総面積——と定義する。ところが、今見たとおり、敷物が小さくなるにつれ、総面積も小さく——原子よりも、クォークよりも、クォークの一〇〇〇兆分の一よりも小さく——なり、それでも有理数全体をおおえる。はてしなく小さくなっていくものの極限とは何か。

ゼロ。

有理数の量はどれほどなのか。有理数は何の空間も占めない。飲み込みにくい概念だが、真理だ。

有理数は、数直線のいたるところにあるのに、何の空間も占めない。数直線めがけてダーツを投げても、有理数に当たることはない。けっしてないのだ。そして、有理数の量は小さいのに、無理数の量は小さくない。座席表をつくって、一つずつ数えることができないのだから。数えられていない無理数が必ず残ってしまう。クロネッカーは無理数を嫌ったが、無理数は数直線上の空間をすべて占めているのだ。

無限にある有理数の全体は、ゼロにすぎなかった。

第7章　絶対的なゼロ——ゼロの物理学

実際的な数学では、量は、小さい場合に無視される。無限に大きくて、お呼びでないから無視するということはない!

P・A・M・ディラック

ついに紛れもなく明らかになった。無限大とゼロは不可分で、数学にとって不可欠にして本質的なものなのだ。数学者はこれらとつきあっていくことを覚えるしかない。しかし、物理学者には、ゼロと無限大は宇宙の仕組みとまったく無関係であるように思われた。無限大を足し合わせ、ゼロで割ることは数学の一部ではあったが、自然界の営みではなかった。

少なくとも、科学者たちはそう望んでいた。数学者がゼロと無限大の関連を暴いていくにつれ、物理学者は自然界でゼロに出会いはじめた。ゼロは数学から物理学に広がった。熱力学ではゼロが、乗り越えられない障壁となった。ありうる最低の温度だ。アインシュタインの一般相対性理論では、ゼロがブラックホール、恒星をまるごと飲み込んでしまう怪物のような星となった。量子力学ではゼロが、奇妙な――無限で、いたるところにある、もっとも深い真空のなかにさえ存在する――エネルギーの源であり、また無が及ぼす、幻影のような力を生みだしている。

ゼロ熱量

何かについて語っているとき、それが測定できて数字で表現できるなら、それについて知っていることになる。測定できず、数字で表現できないのなら、貧しく不満足な知識しかない。それは知識の萌芽ではあっても、とうてい科学の段階には進んでいない。

ウィリアム・トムソン（ケルヴィン卿）

物理学で最初の避けられないゼロの源は、半世紀にわたって使われてきた法則にある。この法則は一七八七年、フランスの物理学者、ジャック・アレクサンドル・シャルルによって発見された。シャルルは、水素気球で飛んだ最初の人としてすでに有名になっていた。

だが、この航空術上の離れ業をやってのけた人としてではなく、その名が冠された自然法則の発見者として記憶されている。

当時、さまざまな気体が実に異なる性質をもつことに多くの物理学者が魅了されていたが、シャルルもその一人だった。酸素は燃えさしを燃え上がらせ、二酸化炭素はその炎を消してしまう。塩素は緑色で致死性をもつ。窒素酸化物は無色で、クスクス笑いを引き起こす。しかし、これらさまざまな気体に共通する基本的な性質がある。熱すると膨張し、冷やすと収縮するのだ。

シャルルは、この振る舞いがきわめて規則的で予測可能であることを発見した。互いにそっくりな二つの気球の一方に、ある種の気体を、もう一方に別の種類の気体を、等しい量だけ入れる。同じ量の熱を加えると、同じだけ膨張する。同じように冷やすと、一斉に収縮する。さらに、一度上げ下げするたびに、ある割合で体積が増減する。シャルルの法則は、気体の温度と体積の関係を表すものだ。

一八五〇年代、イギリスの物理学者ウィリアム・トムソンは、シャルルの法則についておかしなことに気づいた。温度を下げると、気球の体積は小さくなっていく。一定のペースで温度を下げつづけると、気球は一定の率で縮みつづけるが、いつまでも縮みつづけるわけにはいかない。理論上は、ある温度で気体は何の空間も占めなくなる。シャルルの法則によれば、気球に入れた気体の占める空間はゼロにまで縮むはずだ。言うまでもなく、ゼロ空間はありうる最小の体積である。気体がこの点に達すると、何の空間も占めなくなる（負の空間を占めるということはありえない）。気体の体積は温度と関係しているとすれば、最小体積があるということは、最低温度があるということだ。気体が際限なく冷えていくことはありえない。気球をもはや収縮させることができなくなったら、温度ももはや下げられない。これが絶対零度だ。ありうる最低の温度で、氷点下摂氏273度ちょっとである。

トムソンはケルヴィン卿という呼び名のほうがよく知られている。普遍的な温度の目盛りは、ケルヴィンにちなんで名づけられている。摂氏零度は氷点だ。ケルヴィン目盛りの零度は絶対零度である。

絶対零度は、気体の容器がエネルギーをすっかり失っている状態だ。これは現実には到達不可能な目標である。物体を絶対零度にまで冷やすことはできない。すぐ近くまでは迫れる。物理学者はレーザー冷却のおかげで究極の冷たさの一〇〇分の数度上まで原子を冷やすことができる。ところが、宇宙のあらゆるものが一致して、絶対零度の実現を阻もうとする。エネルギーをもつ物体は必ず揺れ動いている――そして光を発している――からだ。たとえば、人間は水分子とわずかな有機汚染物質でできている。こうした原子はすべて、空間のなかで小刻みに揺れている。温度が高いほど、原子は速く揺れ動く。こうした揺れ動く原子がぶつかりあって、まわりの原子を揺り動かす。

たとえば、バナナを絶対零度にまで冷やそうとするとしよう。バナナのエネルギーをすっかり取り除くには、バナナの原子が動き回るのを防がなければならない。箱に入れて、冷やさなくてはならないのだ。ところが、バナナの入っている箱も原子でできている。箱の原子が動き回っており、バナナの原子にぶつかって、また動きださせてしまう。箱の中心の完全な真空のなかにバナナを浮かせても、揺れを完全に止めることはできない。ダンスをする粒子が光を発するからだ。絶えず光が箱から出てはバナナに当たっており、バナナの分子を再び動かしてしまう。

ピンセット、冷却コイル、容器に入れた液体窒素を形づくる原子もすべて動いており、光を放射しているから、バナナが入っている箱の揺れと放射からも、バナナを操作するのに使うピンセットからも、バナナを冷やすのに使う冷却コイルからも、バナナは絶えずエネルギーを吸収している。箱やピンセットやコイルの揺れと放射を遮《さえぎ》ってもしかたがない。遮蔽物《しゃへいぶつ》も揺れ動き、光を放射しているのだ。あらゆる物体は、それを取り巻く環境から影響を受けるので、宇宙にあるどんなものも――バナナも、角氷も、ちょっとの液体ヘリウムも――絶対零度にまで冷やすことは不可能だ。破ることができない障壁である。

絶対零度はニュートンの法則と大いに趣の異なる発見だった。ニュートンの方程式は物理学者に力を与えた。物理学者は惑星の軌道など物体の運動をたいへん正確に予測できるようになった。一方、ケルヴィンが発見した絶対零度は物理学者に、自分たちには何が

〝できない〟かを教えた。絶対零度に達することはできないのだ。こういう障壁があるという知らせに物理学界は落胆したが、これは、物理学の新しい分野、熱力学のはじまりとなった。

熱力学は、熱とエネルギーがどう振る舞うかを研究するものだ。ケルヴィンが発見した絶対零度と同じく、熱力学の法則は、どんな科学者がどんなに頑張っても乗り越えることのできない障壁を築いた。たとえば、熱力学は、永久（運動）機関をつくりだすことは不可能だと教えてくれる。大学の物理学科や科学雑誌は、熱心な発明家たちから送りつけられた、信じられないような機械——何のエネルギー源ももたずに永久に原動力を生みだしつづける機械——の青写真の山に埋もれがちだ。これも、いくら頑張っても達成できない課題である。機械を、エネルギーを無駄にせずに働かせることさえ不可能だ。機械はエネルギーの一部を熱として宇宙に逃がしてしまうのだ（熱力学はカジノより悪い。どれだけ頑張っても儲からない。とんとんにすることすらできない）。

熱力学から統計力学が生まれた。原子の集団の運動を見ることによって物理学者は物質がどう振る舞うかを予測できた。たとえば、気体の統計的記述によってシャルルの法則は説明できる。気体の温度を上げると、平均的に分子は動く速さを増し、容器の壁にいっそう激しくぶちあたる。そして気体は壁を押す力を増す。統計力学——揺れ動きの理論——は物質の基本的な性質の一部を説明したし、光そのものの性質を説明するように思われた。

図45　水面の干渉縞

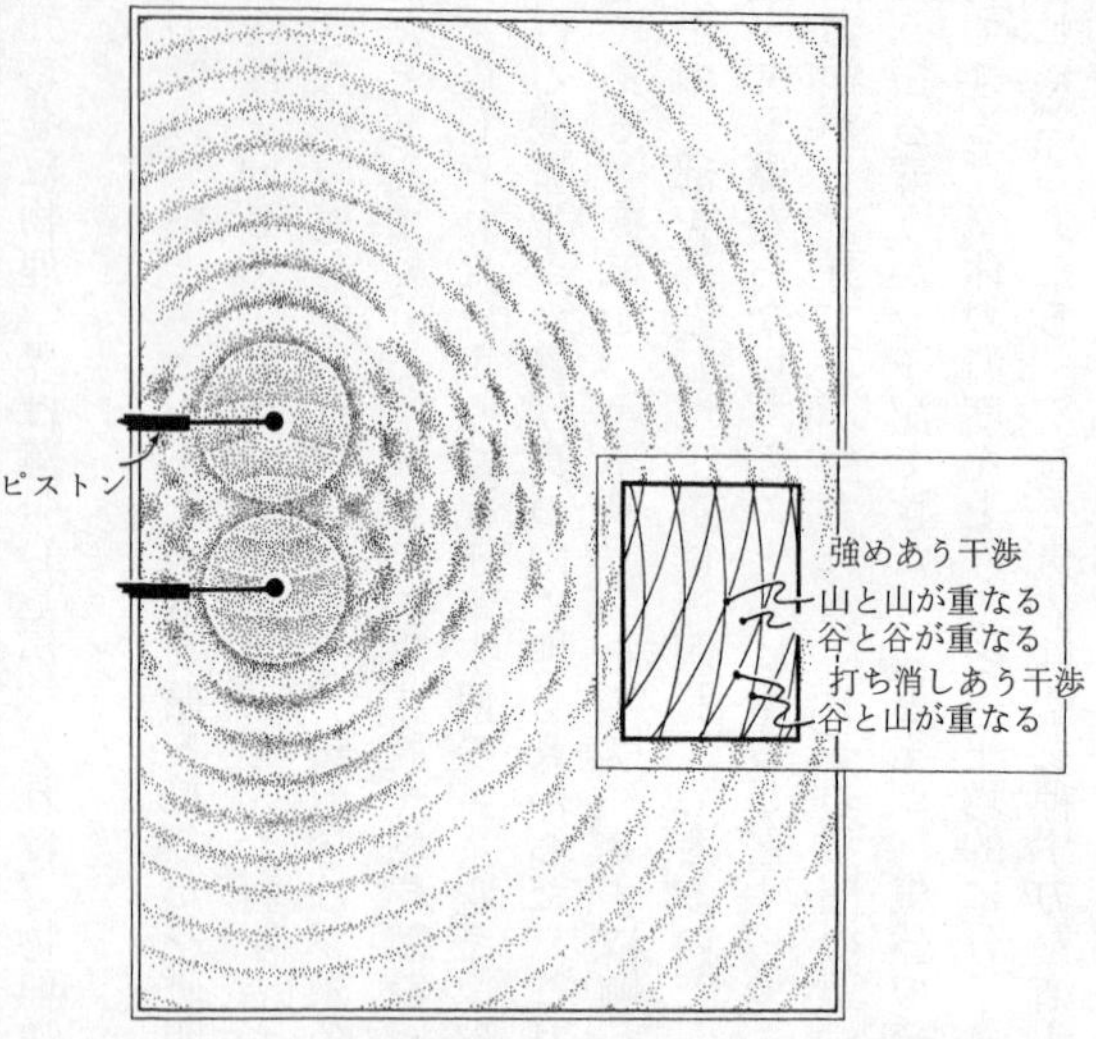

光の性質は、何百年にもわたって科学者を悩ませてきた問題だった。光は、明るい物体から流れ出る小さな粒子から成り立っているとアイザック・ニュートンは信じていた。だが、やがて科学者は、光は実は粒子ではなく波であると信じるようになった。一八〇一年にイギリスの科学者が、光がそれ自身に干渉することを発見し、問題にけりをつけたかのようだった。

干渉はあらゆる種類の波に起こる。池に石を落とすと、さざ波の輪ができる。水が上下し、山と谷が輪の模様を描きながら外に拡がってゆく。石を二つ同

図46　光の干渉。この本を目の高さにもっていって、この図を横から見れば、干渉縞が見える。

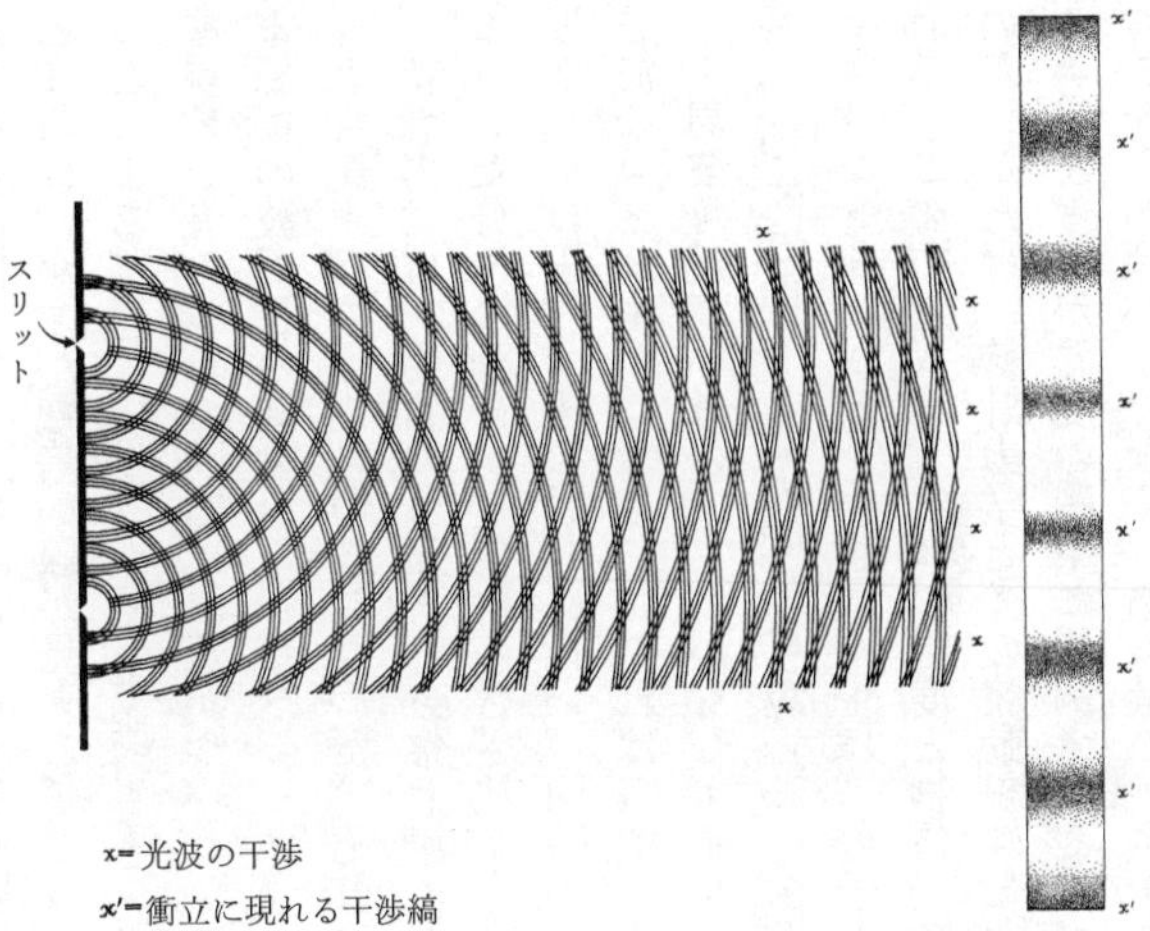

時に落とせば、さざ波は干渉しあう。桶に張った水に振動するピストンを二本落とせば、このことがもっとはっきり見てとれる。一方のピストンから出た波の山と、もう一方から出た波の谷がぶつかると、打ち消し合う。さざ波の模様を注意深く見れば、波のない静かな水面の線がいくつか見える（図45）。

光についても同じことが当てはまる。光が二つの狭いスリットを通ると、暗い――波のない――部分（図46）ができる（これと関連する現象を家のなかで見ることができる。指どうしをくっつけると、光がいくらか通り抜けられる狭い隙間ができるはずだ。こうした隙間を通して電灯の光を見ると、とくに指に近いところに、かすかな暗い線が見える。こうした線も、光に波のような性質が備わっていることによる)。波はこのような干渉をする。粒子はそんなことはしない。したがって、干渉現象で光の本質の問題に決着がついたかに見えた。物理学者たちは、光は粒子ではなく電磁場の波だとの結論を下した。

これが一九世紀半ばの最先端の知見だった。それは統計力学の法則と完璧にかみ合うようだった。統計力学は、物質の分子がどう揺れ動くかを教えてくれる。光の波動説にしたがえば、こうした分子の動きから放射のさざ波——光波——が生じるのだった。さらに、物体の温度が高いほど、分子の動きは速い。同時に、物体の温度が高いほど、物体が発する光のさざ波のエネルギーは大きい。これは完璧にうまくいった。光の場合、波の動きが速いほど——周波数が高いほど——波がもつエネルギーは大きい(また、周波数が高いほど、〝波長〟、つまり山どうしの間隔は短い)。実際、もっとも重要な熱力学法則の一つ——シュテファン・ボルツマン方程式——は、分子の揺れを光の揺れと結びつけているように思われる。この方程式は、物体の温度と物体が放射する光エネルギーの総量とを関連づけるものだ。これは、統計力学と光の波動説にとって最大の成果だった(その方程式は、放射されるエネルギーが温度の四乗に比例すると述べている。この式から、物体がどれだけ放射をおこなうかばかりでなく、ある量のエネルギーを注いだとき物体がどれくらい熱くなるかもわかる。物理学者は、この方程式を――旧約聖書のイザヤ書とともに――用いて、天国はケルヴィン目盛りで五〇〇度を上回ると結論づけたのだ）。

残念ながら、勝利は長続きしない。世紀の変わり目に、イギリスの二人の科学者が波動説を用いて簡単な問題を解こうとした。それはかなり単純な計算だった。空っぽの空洞はどれだけの光を放射するかというものだ。二人は、統計力学の基本方程式（分子がどう揺れ動くかを教えてくれる式）と、電磁場がどう相互作用するかを記述する方程式（光がどう揺れ動くかを教えてくれる式）を当てはめて、空洞が、ある温度でどんな波長の光を放射するかを記述する方程式を出した。

レイリー卿とサー・ジェイムズ・ジーンズにちなんで名づけられた、いわゆるレイリー・ジーンズの法則は、かなり役に立った。熱い物体から波長が長くエネルギーの小さい光がどれだけ出るかを予測するのに役立った。だが、この方程式は大きなエネルギーでつまづいてしまった。レイリー・ジーンズの法則から、物体は波長の短い（したがってエネルギーの大きい）光ほどたくさん出すと予測された。その結果、ゼロ波長に近い領域で物体はエネルギーの大きい光を〝無限〟に出す。レイリー・ジーンズ方程式によれば、あらゆる物体は、温度にかかわらず、絶えず無限大のエネルギーを放射していることになる。角氷さえ、まわりのものをことごとく蒸発させてしまうだけの紫外線、X線、ガンマ線を放射していることになる。これが〝紫外線カタストロフィー〟である。ゼロ波長は無限大のエネルギーに等しい。ゼロと無限大がいっしょになって、きちんと整った法則体系を壊してしまった。このパラドクスを解決することが、物理学で最重要の難問となった。レイリーとジーンズは何も間違ったことはしていなかった。妥当だと物理学者たちが考えていた方程式を使い、受け入れられていたやり方で操作したら、この世界のあり方を反映していない答えが出てしまったのだ。角氷がガンマ線を発して文明を一掃してしまうなどということは実際には起こっていないが、当時認められていた物理法則にしたがうと、否応なくそういう結論にいたってしまうのだった。物理法則のどれかが間違っているにちがいなかった。だが、どれなのか。

量子的ゼロ：無限大のエネルギー

物理学者にとって、真空にはあらゆる粒子と力が潜在している。真空は哲学者の無よりはるかに豊かな実体なのだ。

マーティン・リース

紫外線カタストロフィーは量子革命につながった。量子力学は、光についての古典的な理論が抱えるゼロ、そして宇宙のあらゆる物質のかけらから出るはずの無限大のエネルギーを取り除いた。しかし、これはそれほど大した偉業ではなかった。量子力学には、宇宙全体が──真空も含め──無限大のエネルギーに満ちていることを意味するゼロがあった。〝ゼロ点エネルギー〟だ。そして、これは宇宙でもっとも奇妙なゼロにつながった。それは、幻影のごとき、無の力だ。

一九〇〇年、ドイツの実験家たちが紫外線カタストロフィーにいくらか光を投げかけようとした。さまざまな温度で物体から放射がどれだけ出るかを注意深く測ることによって、確かにレイリー・ジーンズの公式からは、物体から出る光の本当の量を予測できないことを証明した。マックス・プランクという名の若い物理学者が新たなデータを見て、数時間のうちに、レイリー・ジーンズの公式に代わる新たな方程式を考えついた。プランクの公式によって、新たな測定結果が説明できたばかりでなく、紫外線カタストロフィーも解決した。プランクの公式は、波長が短くなるにつれて急激に無限大に向かいはしなかった。エネルギーは、波長が短くなるにつれてどんどん大きくなるのではなく、再び小さくなった（図47）。プランクの公式は正しかったが、あいにく、その影響は、それによって解決した紫外線カタストロフィーより厄介だった。

問題が持ち上がったのは、プランクが統計力学の通常の前提──物理法則──からこの公式を導き出せなかったからだ。物理法則は、プランクの公式に適合するように変わらなければならなかった。プランクは自分のしたことを後に〝捨て鉢の行為〟と表現している。

図47　レイリー・ジーンズは無限大に向かうが、プランクは有限にとどまる。

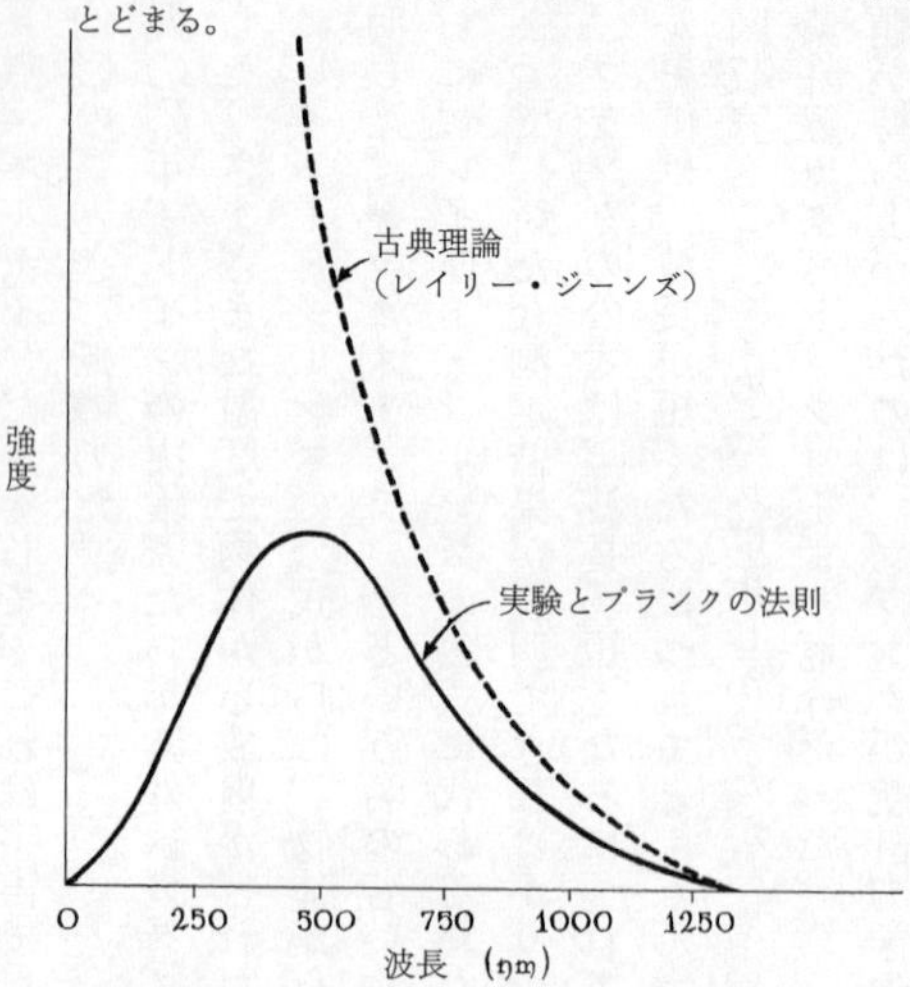

捨て鉢にでもならなければ、物理学者が、こんな無意味に見える変更を物理法則に加えることはなかろう。プランクによれば、分子はたいていの動き方を禁じられている。量子と呼ばれる、ある種の許されるエネルギーのみで振動する。分子がこうした許される値の間のエネルギーをもつことは不可能だ。

これは、それほどおかしな想定のようには思われないかもしれないが、世界の見かけ上のあり方とは違っている。自然のあり方は飛び飛びではない。背丈五フィートの人も六フィートの人もいるが、その間がいないというのは、ばかげているように思われる。車が時速三〇マイルや四〇マイルで走ることはあっても、三三マイルや三八マイルで走ることはないとしたら滑稽だ。しかし、量子世界の車はまさにそのように振る舞うのだ。時速三〇マイルでドライブをしていて、アクセルを踏むと、突然一瞬にして――パッ！――速度は時速四〇マイルに上がる。間の速度は許されない。速度を時速三〇マイルから四〇マイルに上げるには大きな飛躍、英語で言えば、まさに量子的飛躍（quantum leap）をしなければならない。同じように、量子世界の人々はあまり順調には成長できない。何年間か四フィートのままでいた末に、ある日、一瞬にして――パッ！――五フィートになる。量子仮説は、私たちの日々の経験が教えてくれるものすべてに背《そむ》いている。

自然の見かけ上のあり方とは一致しなくても、プランクの奇妙な仮説――分子の振動は〝量子化〟されているという――は、物体から出るさまざまな周波数の光の量についての正しい公式につながった。物理学者たちは、プランクの方程式は正しいとすぐに悟ったが、量子仮説は受け入れなかった。受け入れようにも奇妙すぎた。

思いがけない人物のおかげで、量子仮説は奇妙な考えではなくなり、事実として受け入れられることになる。二六歳の特許局職員、アルベルト・アインシュタインが、自然界がなめらかにではなく量子を単位にして変化することを物理学界に証明してみせたのだ。量子論の創造に一役買ったアインシュタインは後に、この理論の主たる反対者になる。

アインシュタインは革命家らしくなかった。マックス・プランクが物理学界を引っ繰り返していた頃、アルベルト・アインシュタインは職探しに駆け回っていた。おかねがなくなって、スイス特許局に臨時の職を得た。望んでいた、大学の助手の地位とはかけ離れたものだった。一九〇四年にはすでに結婚し、息子を一人もうけ、特許局であくせく働いていた。偉人への道からはほど遠いところを歩んでいた。ところが、一九〇五年三月、やがてアインシュタインにノーベル賞をもたらすことになる論文を書いた。この論文――〝光電効果〟を説明したもの――によって量子力学は主流にのし上がった。量子力学が受け入れられると、ゼロの謎めいた力も受け入れられた。

光電効果は一八八七年に発見された。ドイツの物理学者ハインリヒ・ヘルツが、紫外線が金属板に当たると火花が散ることを発見したのだ。光が当たると、金属から電子が飛び出すのである。光線で火花が起こるこの現象は、古典的な物理学者にとって実に謎めいていた。紫外線はエネルギーの大きい光だから、科学者は当然にも、原子から電子をはじきだすにはエネルギーがたくさん要るのだと結論づけた。光の波動説によれば、エネルギーの大きい光を得るすべはもう一つある。明るくすればいい。たとえば、たいへん明るい青い光は、暗い紫外線と同じくらいエネルギーがあるかもしれない。だから、明るい青い光は、暗い紫外線と同じように原子から電子をはじきだせるはずだ。

ところが、明るくしさえすればいいわけではないことは、実験によってすぐにわかった。

暗い紫外線（周波数の高い光線）でも金属から電子をはじきだす。ところが、ある臨界点を少しでも超えて周波数を下げると——光をほんのちょっと赤くしすぎると——突然、火花は止まってしまう。光線がいくら明るくても、色がまずければ、金属のなかの電子は動かない。どれ一つとして金属から逃れられない。光が波ならばありえない類《たぐい》のことだ。

　アインシュタインは、この難題——光電効果の謎——を解決したが、その解決法はプランクの仮説よりもさらに革命的だった。プランクは、分子の振動は量子化されていると唱えたが、アインシュタインは、光は、小さなエネルギーのかたまりである光子から成り立っていると唱えた。この考えは、光について受け入れられていた光の物理学説と衝突した。光が波でないことを意味したからだ。

　一方、光のエネルギーが小さなかたまりに分かれているとすれば、光電効果は簡単に説明がつく。光は、金属に撃ち込まれた小さな弾丸のように振る舞っている。弾丸は電子に当たると、電子を押す。弾丸に十分なエネルギーがあれば——周波数が十分高ければ——電子を解放する。一方、光の粒子に、電子をはじきだすだけのエネルギーがなければ、電子はそのままだ。光子は飛び去っていく。

　アインシュタインの考えで光電効果が見事に説明できた。光の波動説は一〇〇年以上の間、疑問を投げかけられずにきたが、光が光子という形に量子化されているという考えは、これと真っ向から矛盾するものだった。実は、光には波の性質と粒子の性質のどちらもある。光は粒子のように振る舞うこともあるが、波のように振る舞うこともある。本当は粒子でも波でもなく、二つが奇妙に組合わさったものなのだ。これは理解しにくい概念である。しかし、量子論の核心にはこの考えがある。

量子論によれば、すべてのものは——光も電子も光子も小犬も——波のような性質と粒子のような性質をともに備えている。だが、物体が同時に粒子であり波でもあるとしたら、いったい何なのだろう。数学者は物体を記述するすべを知っている。物体は〝波動関数〟、シュレディンガー方程式と呼ばれる微分方程式の解だ。あいにく、この数学的記述の意味は直観的にはわからない。波動関数が何であるかを思い描くのはほとんど不可能だ。*さらに悪いことに、物理学者が量子力学の複雑な点を発見するにつれて、ますます奇妙なことが浮かび上がってきた。なかでももっとも奇妙なのは、量子力学の方程式のなかにあるゼロから生じるものだ。それはゼロ点エネルギーである。

＊波動関数を、粒子がどこに現われるかについての確率を示すものと考えると、助けになることがある。電子はそれぞれ空間に拡がって存在しているが、それがどこにあるかを特定する測定をおこなったとき、空間のなかのある点にそれが見つかる確からしさは、波動関数で決まる。自然の事物がこのように拡がって存在しているという考えに、アインシュタインは反対した。「神は宇宙についてサイコロ遊びはしない」という有名な言葉は、量子力学の確率論的なあり方を拒絶するものだ

った。アインシュタインにとっては残念なことに、量子力学の法則はきわめてうまく働き、量子的効果は伝統的な古典物理学ではうまく説明できない。

この不思議な力は量子的宇宙の方程式に織り込まれている。一九二〇年代半ばにドイツの物理学者ヴェルナー・ハイゼンベルクが、こうした方程式から衝撃的な結果が導き出されることに気づいた。それは不確定性だ。無の力はハイゼンベルクの不確定性原理から生じる。

不確定性の概念は、科学者が粒子の性質を記述する能力にかかわるものだ。たとえば、ある粒子を見つけたいと思えば、その粒子の位置と速度——どこにあり、どれだけ速く動いているか——を特定しなければならない。ハイゼンベルクの不確定性原理は、私たちにはこの簡単な作業すらできないことを教えてくれる。どれだけ頑張っても、粒子の位置と速度を同時に完全に正確に測定することはできない。これは、私たちが集めようとしている情報の一部が、測定という行為自体によって破壊されてしまうからだ。

何かを測定するには、それに触れなければならない。たとえば、鉛筆の長さを測っていると想像してみればいい。指を鉛筆に沿って走らせ、長さを測る。しかし、そのとき鉛筆を押してしまうだろう。すると、鉛筆の速度は少し変わってしまう。鉛筆に定規を合わせるほうがいいが、それでもこの二つの物体の長さをくらべると鉛筆の速度がほんのちょっと変わってしまう。鉛筆から跳ね返った光が目に届いてはじめて鉛筆を見ることができる。攪乱《かくらん》はほんのわずかであっても、鉛筆に当たって跳ね返る光子は鉛筆を軽く押し、鉛筆の速度をほんの少し変えてしまう。どんなやり方で鉛筆の長さを測っても、鉛筆を少し押してしまう。ハイゼンベルクの不確定性原理は、鉛筆の長さ――あるいは電子の位置――と速度を同時に完全に正確に測定するすべなどないことを示している。粒子の位置についての知識が正確になるほど、速度についての知識は不正確になる。その逆も成り立つ。電子の位置を誤差ゼロで測れば――ある瞬間にどこにあるかを正確に知れば――電子の速さについて得られる情報はゼロになる。粒子の速度を無限大の精度――誤差ゼロ――で知れば、位置を測るときの誤差は無限大になる。どこにあるのか、まったくわからないのだ。*両方を同時に知ることはけっしてできない。どちらかについていくらか情報を得れば、もう一方についていくらか不確定性を抱えることになる。これも、破ることのできない法則だ。

＊正確に言えば、ハイゼンベルクの不確定性原理は、粒子の速度を扱うのではなく、速さと方向、粒子の質量についての情報を組み合わせたものである運動量を扱う。しかし、この文脈では、運動量も速度も、それにエネルギーさえ、ほとんど交換可能なものとして用いることができる。

ハイゼンベルクの不確定性原理は、人間がおこなう測定に当てはまるばかりではない。

熱力学の法則と同じく、自然そのものにも当てはまる。不確定性のおかげで宇宙は無限大のエネルギーで沸き立っている。極端に小さな体積の空間、たとえば、実に小さな箱を想像してみればいい。箱の内部で何が起こっているかを分析する場合、いくつか仮定をおくことができる。たとえば、なかにある粒子の位置はある程度正確にわかっている。何しろ、箱の外にはないのは間違いない。ある体積に限られていることもわかっている。粒子の位置についていくらか情報があるから、ハイゼンベルクの不確定性原理にしたがえば、粒子の速度――エネルギー――についていくらか不確定性があるにちがいない。箱を小さくしていけば、粒子のエネルギーはますますわからなくなっていく。

この議論は宇宙のあらゆる場所で成り立つ。地球の中心でも、宇宙空間のもっとも純粋な真空でも。つまり、十分に小さな体積の空間では、真空でも、なかにあるエネルギーの量についてなにがしかの不確定性があるということだ。しかし、真空が抱えるエネルギーに不確定性があるというのは、ばかげているように思われる。定義により、真空のなかには何もない。粒子も光も何も。したがって、真空にはエネルギーがまったくないはずだ。ところが、ハイゼンベルクの原理によれば、ある時点に、ある体積の真空のなかにエネルギーがどれだけあるかは知りようがない。小さな体積の真空のなかにあるエネルギーは絶えず変動しているはずなのだ。

なかに何もない真空にどうしてエネルギーがありうるのか。答えは別の方程式から出てくる。アインシュタインの有名な$E=mc^2$だ。この単純な公式は質量とエネルギーの関係を示している。物体の質量は、ある量のエネルギーと等価である（実際、素粒子物理学者は、電子の質量を表すのに、キログラムやポンドなど普通使われる重さの単位を用いない。電子の静止質量は0.511MeV〔一〇〇万電子ボルト〕だと言う。これはエネルギーの量だ）。真空のエネルギーの変動は質量の変動と同じことだ。素粒子は絶えず生まれたり消えたりしている。真空はけっして本当に何もないのではない。それどころか、仮想粒子で沸き返っている。空間のあらゆる点で、『不思議の国のアリス』のチェシャー猫のように。これがゼロ点エネルギー、量子論の公式に出てくる無限大だ。厳密に解釈すると、ゼロ点エネルギーは限りがない。量子力学の方程式に無限個の仮想粒子が現れては消えている。ゼロ点エネルギーが限りがない。量子力学の方程式によると、すべての炭鉱、油田、核兵器に蓄えられている以上のエネルギーがお宅のトースターの内部の空間におさまっているのだ。

方程式に無限大が現れると、物理学者は普通、何かがおかしいと考える。無限大は物理的に意味がない。ゼロ点エネルギーも同じだ。たいていの物理学者は完全に無視する。ゼロ点エネルギーが無限大だと知っていても、ゼロであるかのように振る舞う。便利な虚構であり、普通はそれで問題はない。しかし、問題になることもある。一九四八年、二人のオランダの物理学者、ヘンドリック・B・G・カシミールとディック・ポルダーが、ゼロ点エネルギーをいつも無視できるわけではないことに、はじめて気づいた。二人の科学者

図48　ギターの弦で禁じられている音

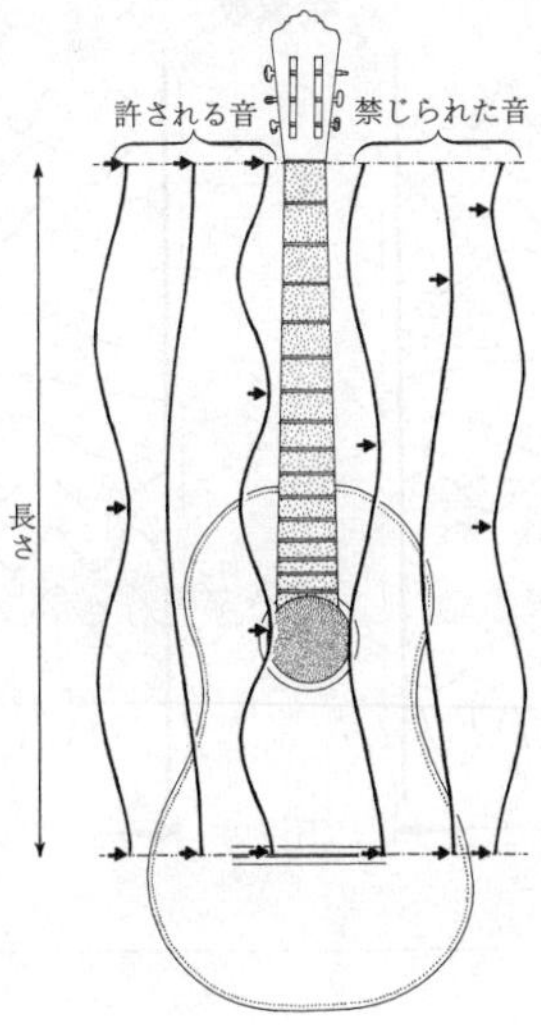

は、原子どうしの間に働く力を研究していて、測定値が予測と合わないのに気づいた。説明を探し求めるうちに、カシミールは、それが無の力の影響であることに思い当たった。

カシミールが気づいた力の秘密は波の性質にある。古代ギリシアでピュタゴラスは、つまびいた弦を行き来する波の特異な振る舞い――許される音と禁じられた音があること――に気づいた。ピュタゴラスが弦をつまびくと、弦は澄んだ音、基音と呼ばれる音を響かせた。弦の真ん中に指を置いて、またつまびくと、別のきれいな澄んだ音、

図49　カシミール効果

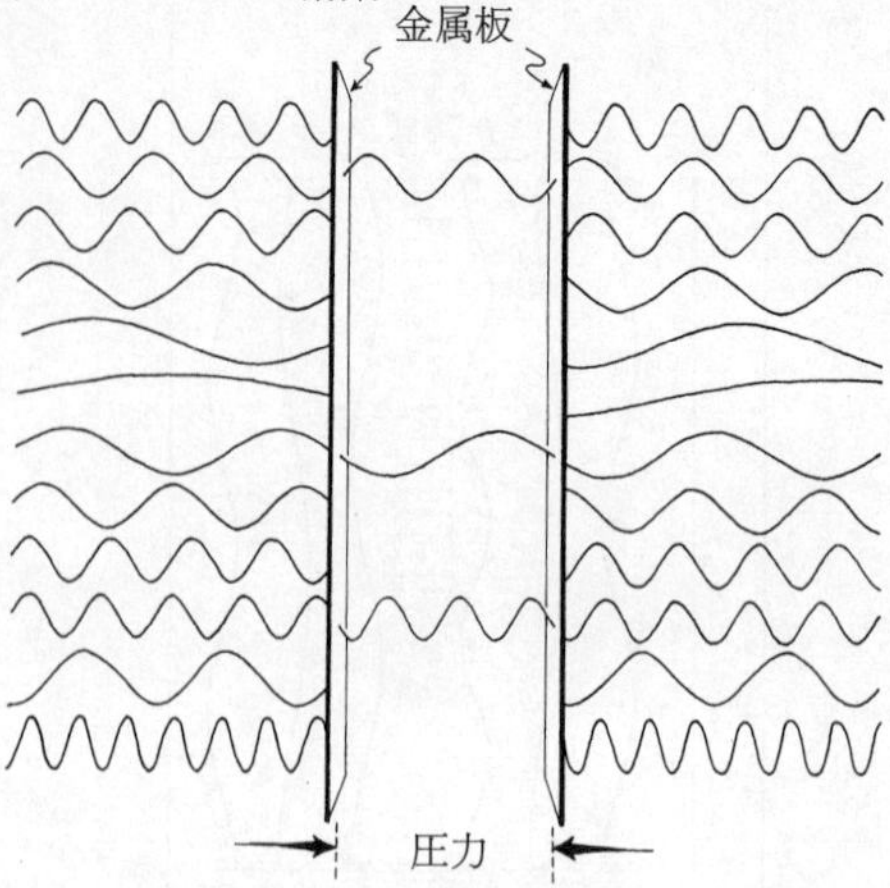

今度は基音より一オクターブ上の音が出た。三分の一のところでつまびくと、また別のきれいな音が出た。ところが、どんな音も出るわけではないことに気づいた。弦にでたらめに指を置くと、澄んだ音が出ることはめったになかった。一部の音だけが弦で奏でられ、おおかたの音は排除されている（図48）。

物質の波は弦の波とそれほど違わない。ある長さのギターの弦が、可能な音をすべて奏でられるわけではない――弦の上に現れるのを〝禁じられている〟音がある――ように、箱のなかに現れるのを禁じられている素粒子波がある。たとえば、二枚の金属板を近づけると、内部にあらゆる種類の粒子をおさめられるわけではない。箱の大きさに合った波しか許されない（図49）。

カシミールは、素粒子がいたるところでパッと生まれては消えているのだから、禁じられた素粒子波が真空中のゼロ点エネルギーに影響するだろうと気づいた。二枚の金属板を近づけると、その間に現れることが許されない粒子があるとすれば、内より外のほうが素粒子が多い。減ることのない素粒子の群れが金属板の外側を押し、内側にはそれと釣り合う圧力がないので、金属板は、まったくの真空のなかでもぴったりくっついてしまう。これが真空の力、無が生み出す力だ。カシミール効果である。

カシミールの力——無が及ぼす、幻影のような謎めいた力——は、まるでSFのようだが、本当に存在する。ごく小さな力であり、たいへん測定しにくいが、一九九五年、物理学者のスティーヴン・ラモローがカシミール効果をじかに測定した。金メッキを施した二枚の金属板を高感度のねじれ測定装置の上に置いて、その間に働くカシミール力に対抗するにはどれだけの力が要るかを特定した。答えは——アリ一匹を三万個の断片に切り刻んだときのその一片の重さほど——カシミールの理論と一致した。ラモローは、何もない空間が及ぼす力を測ったのだ。

相対論的ゼロ：ブラックホール

（恒星）は『不思議の国のアリス』のチェシャー猫のように消えていく。猫は、にやにや笑いのみを、恒星は引力のみを残す。

ジョン・ホイーラー

量子力学のゼロは真空に無限大のエネルギーを与える。現代のもう一つの大理論――相対性理論――では、ゼロが別のパラドクスを生み出す。ブラックホールの無限大の無だ。量子力学と同じく、相対性理論は光のなかで生まれた。このとき、問題のたねとなったのは光の速さだ。宇宙にある物体はたいてい、人によって速さが違って見える。たとえば、小さな男の子が石を四方八方に投げているところを想像してみればいい。その子に近づいている観測者にとって、自分のほうに飛んでくる石の見かけ上の速さは、遠ざかっている観測者にとってのそれより速い。石の見かけ上の速度は、観測者の進む向きと速さによる。同じように、光の速さがどう見えるかは、電灯に近づいているか、電灯から遠ざかっているかによるはずだ。一八八七年、米国の物理学者、アルバート・マイケルソンとエドワード・モーリーがこの効果を測定しようとして、仰天した。何の差も見いだせなかったのだ。

光の速さはどの方向でも同じだった。どうしてそんなことになるのか。

一九〇五年に答えを見つけたのは、またもや若きアインシュタインだった。そして、やはりごく単純な仮定から重大な帰結が導き出されることになる。

アインシュタインがおいた一つ目の仮定が成り立っているのは、かなり明らかに見えた。何人かの人が同じ現象を――たとえば、木に向かってカラスが飛んでいるのを――見るとすると、どの観測者にとっても物理法則は同じだとアインシュタインは述べた。地上にいる人の観察、カラスと平行に動いている列車に乗っている人の観察をくらべると、カラスと木の速さについて両者が一致しない。しかし、カラスの飛行の最終的な結果は同じである。数秒後にはカラスは木に達する。細部では一致しない点もあるかもしれないが、どちらの観測者も、最終的な結果については観測が一致する。これが相対性原理だ（私たちがここで論じている特殊相対性理論では、許される運動の種類に制約がある。それぞれの観測者は一直線に動いていなければならない。言い換えれば、加速されていてはならない。一般相対性理論では、こういう制約は取り払われる）。

第二の仮定はもう少し厄介だ。とくに、相対性原理と矛盾するように見えるので。アインシュタインは、誰でも――どんな速さで進んでいるかにかかわらず――真空中での光の速さについては見方が一致する。秒速三〇万キロ、cの文字で表される定数だ。懐中電灯を向けられれば、光がcという速さで飛んでくる。懐中電灯をもっている人が立ち止まっているか、こちらに向かって走っているか、遠ざかっているかは関係ない。誰の視点から見ても、光線はいつもcという速さで進む。

この仮定は、物体の運動について物理学者が想定していたことすべてに背いていた。カラスが光子のように振る舞ったら、列車に乗っている観測者と立ち止まっている人の間でカラスの速さについて観測が一致するはずだ。すると、二人の観測者は、いつカラスが木に達するかについて観測が一致しないことになる（図50）。アインシュタインは、これを避けるすべが一つあることに気づいた。観測者の速さによって時間の流れが変わるのだ。列車の時計は静止した時計よりゆっくり時を刻むにちがいない。地上の観測者にとっての一〇秒は、列車に乗った人にとっては五秒にしか感じられないかもしれない。猛スピードで走り去っていく人についても同じだ。その人のストップウォッチが一秒を刻むのに、静止した観測者から見ると一秒以上かかる。宇宙飛行士が光の九割の速さで二〇年にわたって宇宙を旅したとすると、地球に帰ってきたときには、予想されるとおり二〇歳年をとっている。ところが、地球にとどまっていた人は四六歳年をとっているのだ。

速さとともに時間が変わるだけではなく、長さと質量も変わる。物体の動きが速くなると、短く、重くなる。たとえば、光の九割の速さで飛ぶと、一ヤードの物差しは長さが〇・四四ヤードに、袋詰めの砂糖一ポンドは二・三ポンド近くに――静止した観測者の視点から見ると――なる（もちろん、同じ袋詰めの砂糖で焼けるクッキーが増えるわけではな

図50　カラスの速さが一定なら、時間は相対的であるはずだ。

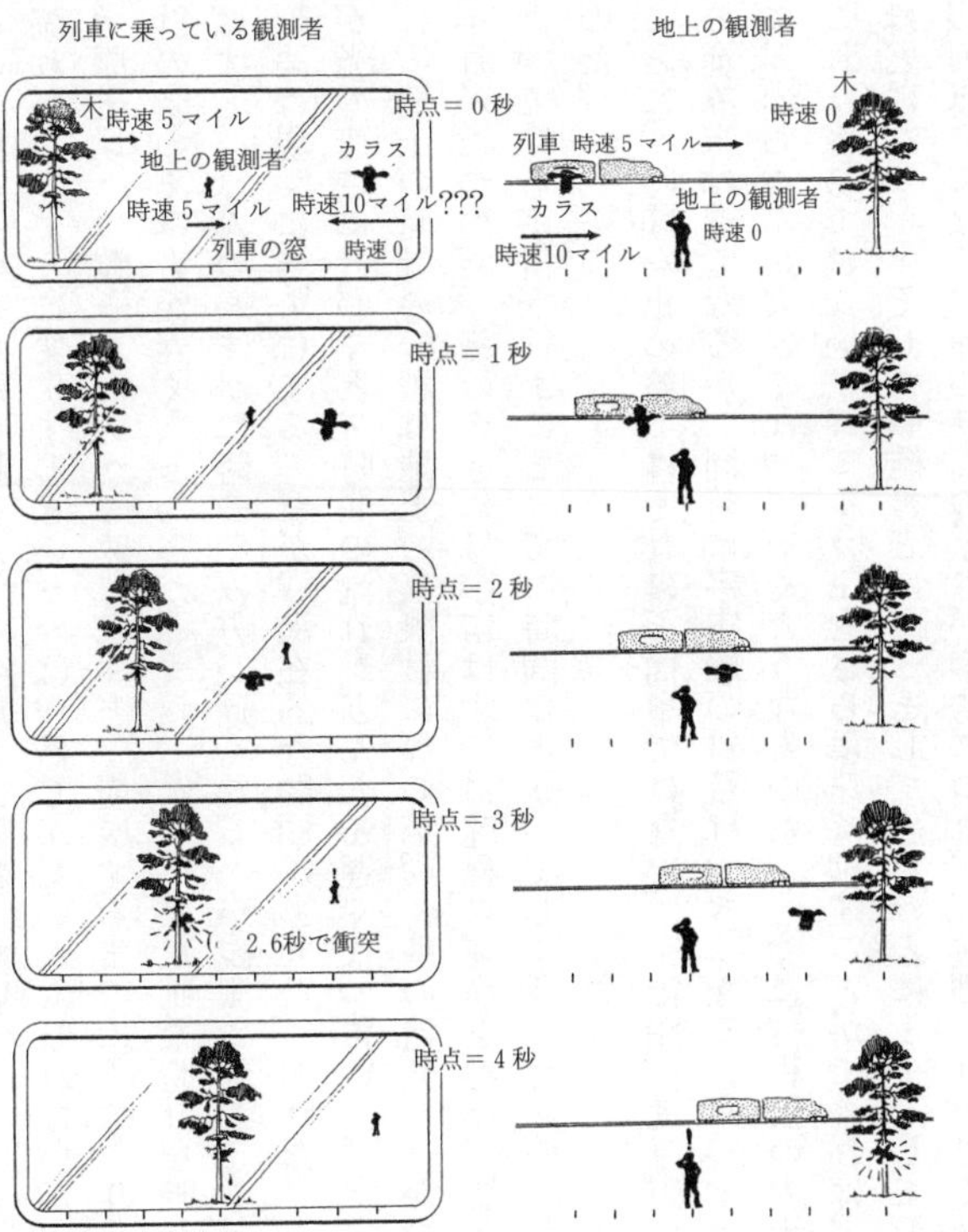

い。袋詰めの砂糖自身の視点から見れば、その重さは変わらない）。

時間の流れがこのように変化するというのは、信じがたいかもしれないが、現に観測されている。原子以下の粒子がたいへん速く飛ぶと、崩壊するまでに予想より長生きする。粒子の時計の時の刻み方が遅くなるからだ。また、たいへん正確な時計を飛行機に載せて高速で飛ばすと、ほんのわずかに時の刻み方が遅くなるのが観測されている。アインシュタインの理論は現実に当てはまる。だが、潜在的な問題があった。ゼロだ。

宇宙船が光の速さに近づくと、時間の流れがどんどん遅くなっていく。宇宙船が光の速さで飛べば、船上の時計の一秒は地上の無限秒に等しい。一秒の何分の一かの間に、何十億年もの年月がたつのだ。そのときには宇宙はすでに究極の運命を迎え、燃えつきている。宇宙船に乗っている宇宙飛行士にとっての時間は止まってしまう。時間の流れにゼロが掛けられたのだ。

幸いなことに、時間を止めるのはそれほど簡単ではない。宇宙船の進み方が速くなるほど、時間の進み方は遅くなるが、同時に宇宙船の質量は大きくなる。ベビーカーを押しているうちに、赤ちゃんが大きくなっていくようなものだ。すぐに、相撲の力士を押すことになる。これは容易ではない。ベビーカーをさらに速く押すことができれば、赤ちゃんの重さは車ほどになり……そして戦艦ほどに……そして惑星ほどに……そして恒星ほどに……そして銀河ほどになる。赤ちゃんの重さが増すにつれ、押す効果は小さくなる。同じように、宇宙船を加速して光の速さに近づける。しかし、しばらくすると、質量が大きすぎてもはや押せなくなる。宇宙船は――そもそも、質量のあるものなら何でも――光の速さに達することはけっしてない。光の速さは速さの究極の限界だ。これに達することはできず、ましてこれを超えることなどできない。自然は、手に負えないゼロから自らを守っているのだ。

しかし、ゼロは自然にとっても強力すぎる。アインシュタインは、相対性理論を拡張して重力も含めたとき、想像もしなかったが、アインシュタインの新しい方程式――一般相対性理論――から究極のゼロ、そして最悪の無限大、ブラックホールが導き出されることになる。

アインシュタインの方程式は時間と空間を同じものの異なる側面として扱う。加速すれば、空間のなかでの動き方が変わる。動きを速くしたり遅くしたりできる。アインシュタインの方程式が示したのは、加速によって空間のなかでの動き方が変わるばかりでなく、時間のなかでの動き方も変わるということだ。時間の流れ方を速くしたり遅くしたりできる。したがって、物体を加速すれば――重力であれ、巨大な象の押す力であれ、何らかの力を加えれば――空間のなか、また時間のなかでの、すなわち、〝時空〟のなかでの――物体の運動は変わる。

これは、つかみにくい概念である。時空を理解するには、たとえに頼るのがいちばんの近道だ。空間と時間は巨大なゴムシートのようなものである。惑星、恒星などあらゆるものはシートの上に載っていて、シートは少しゆがんでいる。ゆがみ——シートの上に載っているために生じる湾曲——が重力だ。シートの上に載っている物体の質量が大きいほど、シートは大きくゆがみ、物体のまわりのくぼみは大きい。重力は、物体がくぼみに転がり落ちる傾向のようなものだ。

ゴムシートの湾曲は空間の湾曲であるばかりでなく、時間の湾曲でもある。質量の大きな物体の近くでは、空間がゆがむように、時間もゆがむ。湾曲が大きいほど時間の流れ方は遅くなる。質量にも同じことが起こる。大きく湾曲した空間領域に人間が入ると、体の質量が実際に増える。〝質量膨張〟と呼ばれる現象だ。

このたとえで惑星の軌道は説明できる。地球は、太陽がゴムシートにつくるくぼみのなかを転がり回っているにすぎない。光は星のまわりでは一直線に進まず、湾曲した道筋を進む。イギリスの天文学者、サー・アーサー・エディントンが一九一九年に遠征調査をおこなって観測した効果だ。エディントンは日食のときに、ある恒星の位置を測定し、アインシュタインが予測した湾曲を確認した（図51）。

アインシュタインの方程式はより不吉なものも予測していた。ブラックホールだ。密度があまりにも大きく、その引力からは何も、光さえも逃れられないものである。

ブラックホールも他のすべての恒星と同じくはじめは大きな熱いガス——おもに水素

図51　重力は太陽のまわりで光を曲げる。

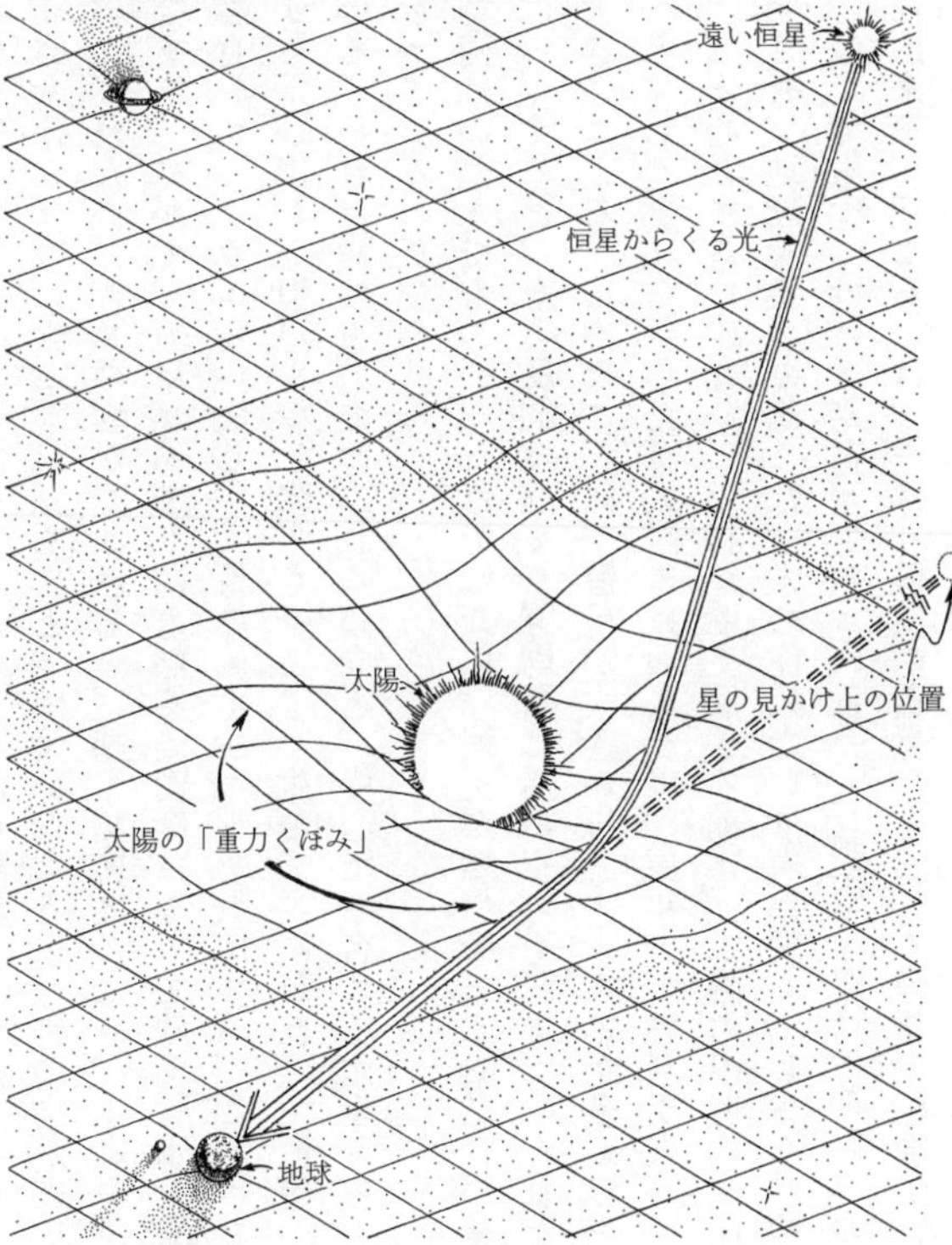

――の球だ。放っておくと、十分に大きなガスの球はそれ自身の重力の重みでつぶれてしまい、小さなかたまりになる。私たちにとって幸いなことに、別の力が働いているおかげで恒星はつぶれない。ガスの雲がつぶれると、熱く高密度になり、水素原子がぶつかりあう力が強まる。やがて、恒星があまりにも熱く高密度になってゆく。水素原子はくっつきあい、融合してヘリウムを生成し、大量のエネルギーを放出する。このエネルギーは恒星の中心から飛び出し、恒星を少し膨張させる。一生の大半にわたって恒星は微妙な均衡を保っている。それ自身の重力でつぶれる傾向と、中心で融合する水素からくるエネルギーが釣り合っているのだ。

この均衡はいつまでもつづくわけではない。恒星が燃やせる水素燃料の量は限られている。しばらくすると、融合反応は静まり、均衡は揺らぐ（それまでにどれだけかかるかは、恒星の大きさによる。皮肉なことに、恒星が大きいほど――水素が多いほど――一生は短い。ずっと激しく燃えるからだ。太陽にはおよそ五〇億年分の燃料が残っているが、だからといって安心してはいけない。燃料が燃え尽きる前に、太陽の温度は次第に上がり、海洋を蒸発させ、地球を金星のような、人の住めない砂漠に変えてしまう。地球上の生命があと一〇億年でもつづけば、幸運だと思うべきだ）。長引く臨終の苦しみの末に――正確にどんな出来事が起こるかは、やはり恒星の質量による――恒星の融合炉は止まり、恒星はそれ自身の重力でつぶれはじめる。

パウリの排他原理と呼ばれる量子力学法則があるため、物体は一点につぶれてしまわないですむ。一九二〇年代半ばにドイツの物理学者、ヴォルフガング・パウリが発見した排他原理は、大雑把に言えば、二つのものが同時に同じ場所を占めることはありえないというものだ。同じ量子状態の二つの電子を同じ場所に押し込むことはできない。一九三三年、インドの物理学者、スブラマニャン・チャンドラセカールが、パウリの排他原理が重力による圧縮と闘う力は限られていることに気づいた。

排他原理によれば、恒星の圧力が増すにつれて、内部の電子は互いに相手を避けるために動きを速めなければならない。しかし、制限速度がある。電子は光より速くは動けないので、物質のかたまりに十分な圧力を加えれば、電子は物質がつぶれるのを防ぐだけ速くは動けない。チャンドラセカールは、太陽のおよそ一・四倍の質量の恒星がつぶれると、パウリの排他原理に打ち勝つだけの重力をもつことを示した。この〝チャンドラセカール限界〟を上回ると、恒星がそれ自身の重力にあまりにも強く引っ張られるため、電子は恒星の崩壊を食い止められない。重力があまりに強いので、電子は闘いをやめてしまう。電子は陽子に突っ込んで中性子をつくる。質量の大きな恒星は、中性子からなる巨大な球、中性子星になる。

さらに計算をおこなうと、つぶれる恒星の質量がチャンドラセカール限界より少し大きければ、生じる中性子の圧力――電子の圧力に似たもの――が崩壊をしばらく食い止めることがわかった。これが中性子で起こることだ。この時点で恒星は、茶さじ一杯分が何億トンにもなるほどの密度になっている。だが、中性子が耐えうる圧力にも限度がある。天体物理学者のなかには、もう少しつぶせば中性子が、構成要素のクォークに分解して、クォーク星が生じると考える者もいる。しかし、それが最後の砦だ。その後は、大混乱になる。

極端に質量の大きな恒星は、つぶれると消滅してしまう。重力はあまりに大きく、物理学者は、宇宙で働いている力で、恒星の崩壊を食い止めるものを知らない。電子の斥力も、中性子に対する中性子の、あるいはクォークに対するクォークの圧力も、そういうものではない。そんな力はまったくない。死にゆく恒星はどんどん小さくなっていく。そして……ゼロ。恒星はゼロ空間におさまる。これはブラックホールだ。光より速く移動する——そして時間をさかのぼる——のにこれを利用できると考える物理学者もいるほど逆説的な天体である。

ブラックホールの不思議な性質を理解する鍵は、それがどのように時空を湾曲させるかにある。ブラックホールは少しの空間も占めないが、それでも質量がある。ブラックホールは質量があるので、時空を湾曲させる。普通、このことで問題は生じない。重い恒星に近づくと、湾曲は大きくなるが、星の表面を通りすぎてしまえば湾曲はまた小さくなり、恒星の中心で底を打つ。一方、ブラックホールは点である。占める空間はゼロだから、表面などなく、空間がまた平らになりはじめる場所などない。ブラックホールに近づくにつれて、空間の湾曲は大きくなり、底を打つことはない。ブラックホールが占める空間はゼロだから、湾曲は無限大に向かう。ブラックホールは時空に開いた穴である（図52）。ブラックホールのゼロは、宇宙の基本構造にできた裂け目なのだ。

これは、実に厄介な概念だ。なめらかで連続的な時空の基本構造に裂け目があるかもしれず、そうした裂け目の領域で何が起こるのか、誰にもわからなかった。アインシュタインは特異点の概念に不安を抱くあまり、ブラックホールの存在を否定した。それは誤りだった。ブラックホールは存在する。しかし、ブラックホールの特異点はあまりに醜く、あまりに危険なので、自然はこれを隠し、誰もブラックホールの中心にあるゼロを目にし、戻って、その話をすることができないようにしようとする。自然界には〝宇宙検閲官〟がいるのだ。

検閲官は重力そのものだ。石を放り上げれば、地球の重力に引き戻され、カーブを描いて落ちる。ところが、石を十分速く投げれば、カーブを描いて地上に落ちてきはしない。地球の大気から飛び出し、地球の引力を振り切る。火星に宇宙船を送るときにNASAがしているのは、おおよそ、そういうことだ。石を投げて地球を脱出させるのに必要な最低限の速度は、当然ながら〝脱出速度〟と呼ばれる。ブラックホールは密度があまりにも高いので、近づきすぎると——いわゆる事象の地平を超えると——脱出速度が光の速さを上

図52　他の恒星と違って、ブラックホールは時空に穴を開ける。

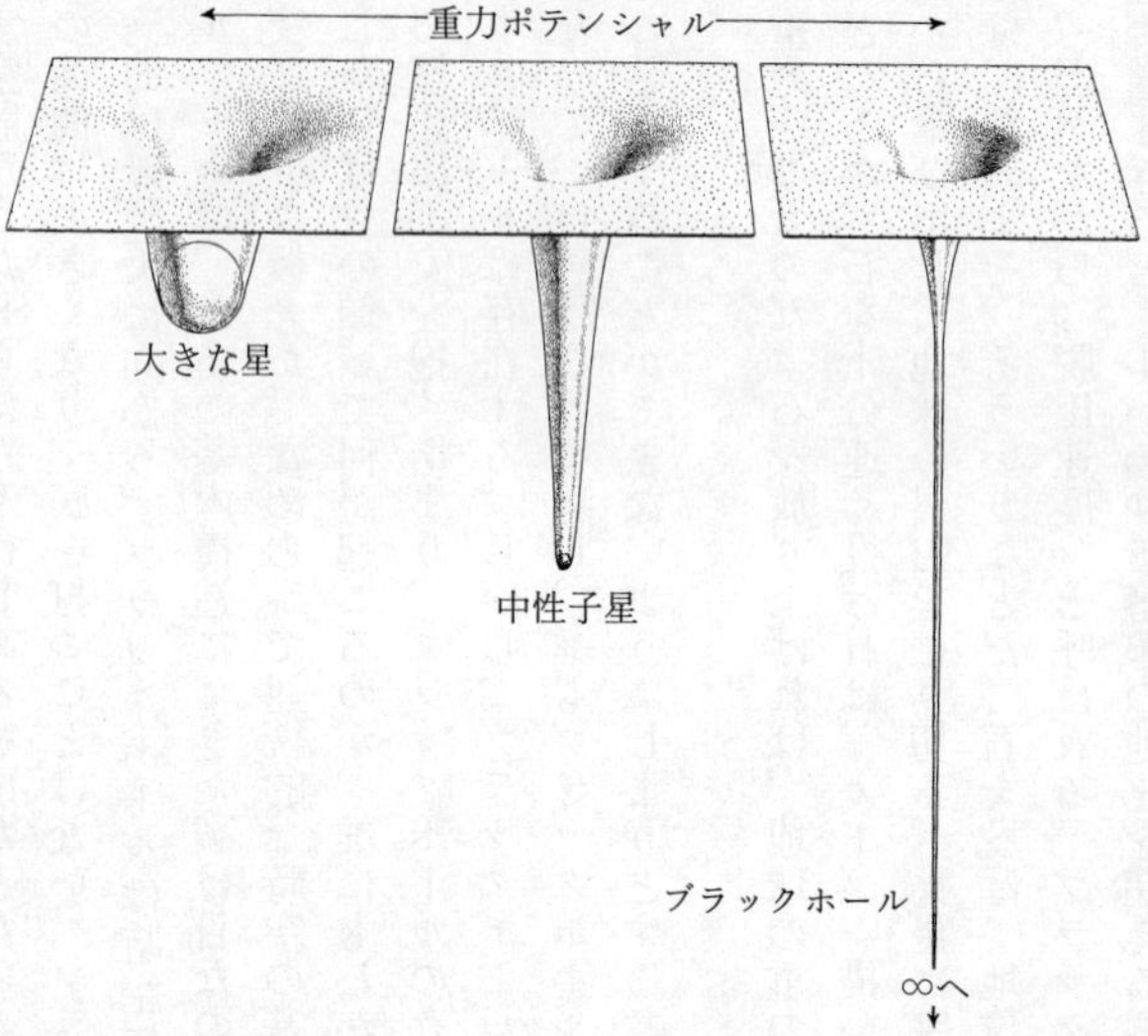

回る。事象の地平を超えると、ブラックホールの引力があまりに強くて――また空間はあまりに湾曲して――何もそこから逃れられない。光さえ。ブラックホールは恒星だが、その光はまったく事象の地平の外に出ない。だからブラックなのだ。ブラックホールの特異点を見るには、事象の地平を超えて行って見るしかない。しかし、これに乗っていけば引き伸ばされて宇宙飛行士スパゲッティーにならずにすむというような、ありえないほど頑丈な宇宙船をもっているとしても、自分の見たものを誰かに語ることはけっしてできない。事象の地平を超えてしまえば、発する信号は、ブラックホールの引力から逃れられない。それに自分自身も。事象の地平を超えて進むのは、宇宙のはずれを踏み越えるようなものである。戻ることはけっしてないのだ。これが宇宙検閲官の力である。

自然がブラックホールの特異点を隠そうとしても、科学者は、ブラックホールが存在することを知っている。射手座の方角、銀河系のまさに中心に、太陽二五〇万個分の質量をもつ超重量ブラックホールがある。天文学者は恒星が目に見えないパートナーとダンスをするのを見てきた。そうした星の運動から、ブラックホールは見えなくても存在することが明らかになる。しかし、科学者は、ブラックホールを探知できても、その中心にあるゼロを見つけてはいない。醜い特異点は事象の地平によって隠されているからだ。

それでよかったのだ。事象の地平がなく、ブラックホールの特異点を外部から隠す宇宙

図53　ワームホール

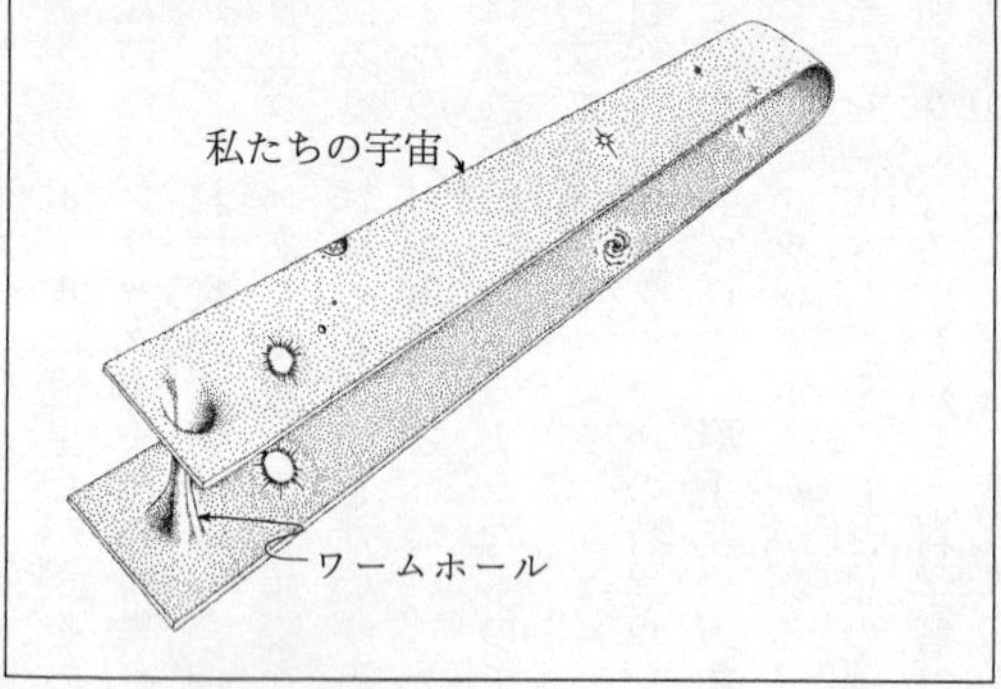

検閲官がなかったら、実に奇妙なことが起こるかもしれない。理論上、事象の地平がない〝むきだしの特異点〟があれば、光より速く移動したり、時間をさかのぼったりできるかもしれない。〝ワームホール〟と呼ばれる構造があれば、そういうことができる。

ゴムシートのアナロジーに戻ると、特異点は無限に湾曲している。時間と空間の基本構造に開いた穴だ。ある種の状況では、穴は引き伸ばされることがある。たとえば、ブラックホールがスピンしていれば、あるいは電荷を帯びていれば、特異点は点——時空に針の先で開けたような穴——ではなく、リングであることを、数学者は計算で導き出している。こうした引き伸ばされた特異点どうしがトンネルでつながるかもしれないと物理学者は推測している。それがワームホールだ（図53）。ワームホールを通った人は、空間内の——

もしかすると時間のなかの——別の点で出てくる。ワームホールを使えば、理論上、一瞬のうちに宇宙のはるかかなたに行けるのと同じように、時間のなかを後戻りしたり先に進んだりできる（付録Ｅ参照）。母親が父親と出会う前に母親を殺して、自分が生まれるのを阻んでしまい、とんでもないパラドクスを引き起こすこともできるかもしれない。ワームホールは一般相対性理論の方程式に含まれるゼロから生じたパラドクスである。ワームホールが存在するのかどうかは、誰にも本当にはわからない。だが、ＮＡＳＡは、存在すると期待している。

サムシング・フォー・ナッシング？

ただでは飯にありつけない。

熱力学の第二法則

ＮＡＳＡは、遠い恒星に旅するための秘密の鍵をゼロが握っているかもしれないと期待している。一九九八年、ＮＡＳＡは「第三ミレニアムの物理学」と銘打ったシンポジウムを開き、ワームホール、ワープ駆動装置、真空エネルギーエンジンなどの突飛なアイデアの利点について科学者たちが議論した。

宇宙旅行の問題は、押すべきものがないことだ。プールで泳ぐとき、水を後ろに押して自分自身を前に押し進める。地面の上を歩くときは、足が地面を押し、前に進む力を得る。宇宙空間には後ろに押すべきものがない。櫂《かい》を振り回すのは勝手だが、そんなことをしてもまったく進まない。

ロケットは、押すべきものを持参する。ロケット燃料は、エンジンのなかで燃え、ロケットの後部から吐き出されて、宇宙船を前に推し進める。噴き出す空気に押されて風船が部屋のなかを飛び回るのと同じだ。燃料を吐き出すのは、あちこち旅するには面倒で高くつくやり方だ。化学エンジンを改良した最新のエンジン、たとえば、電気でロケットの後ろから物質を吐き出すものさえ、適当な時間で探査船を遠い恒星に送れるだけの燃料効率を実現できない。いちばん近い恒星にたどりつくのにさえ、大量の燃料をロケットの後部から捨てなければならない。莫大な無駄だ。

NASAの「ブレイクスルー推進プロジェクト」を率いる物理学者のマーク・ミリスは、この問題をゼロの物理学によって乗り越えることができると期待している。あいにく、ブラックホールのゼロ——特異点——は短期的には見込みが薄いようだ。ワームホールに必要なむきだしの特異点をつくりだすのがきわめてむずかしいだけでなく、むきだしの特異点も宇宙旅行者を切れ切れに引き裂いてしまうらしいのだ。一九九八年、エルサレムにあるヘブライ大学の二人の物理学者が、スピンする、あるいは電荷を帯びたブラックホール

――リング型の特異点――さえ、質量膨張のおかげで宇宙飛行士の命を奪ってしまうことを証明した。特異点に向かって落ちていくと、ブラックホールの質量は無限大に向かって大きくなっていくように見える。重力はあまりに強く、一秒の何分の一かで体は引き裂かれる。ワームホールは健康に有害だ。

ブラックホールの中心にあるゼロが、宇宙空間を旅する手軽な方法を示さないとしても、量子力学のゼロは代替案を提示する。ゼロ点エネルギーは究極の燃料かもしれない。ここが物理学の主流と傍流の分岐点だ。

ミリスによれば、船乗りが風で帆船を推進するように、宇宙飛行士が真空のエネルギーを利用して宇宙船を推進するかもしれない。「理解の手がかりとしてカシミール効果を考えよう。この効果では、目につくほどの、真空からの放射圧力で金属板をくっつけることができる。そこから非対称な力を得て、力を一方の向きにだけ働かせるすべがあれば、推進力が得られる」とミリスは言う。残念ながら、これまでのところカシミール効果は対称的であるようだ。どちらの金属板も互いに相手に引き寄せられる。一方の作用に対して、もう一方で等しくて逆向きの反応が起こる。しかし、一種の量子的な帆、片方の面に当たる仮想粒子は反射し、もう片方の面に当たる仮想粒子は妨げずに通す一方通行の鏡があれば、真空エネルギーによって、この物体は、反射をおこなわない面のほうに押されていく。「こうやってそれができるかを知る手がかりは誰ももっていないと、ミリスは認める。

の装置をどのように設計したらいいかについては何の理論もない」と悲しげに言う。

問題は、物理法則によれば、ただで何かを得ることはできないということだった。帆船が風の速さを下げてしまうように、量子的な帆は真空のエネルギーを下げざるをえない。何も変えないですませることがどうしたらできるだろうか。

テキサス州オースティンにある高等研究所の所長ハロルド・パソフは、量子的な帆は真空の性質を変えるだけだと考えている（パソフは、一九七四年に《ネイチャー》誌に載せた論文でもっともよく知られている。これは、ユリ・ゲラーなどの超能力者が遠くから物体を——目によらずに——見ることができることを証明しようとしたものだった。この結論は、科学の主流の見解ではなかった）。「真空は崩壊して、もう少し低い状態になる。それなら、量子的な帆は序の口にすぎない。ゼロ点エネルギーだけで動くエンジンをつくることも可能だ。ただ一つ困ったことがある。宇宙の基礎構造がばらばらになってしまうのだ。ゆっくりと。「影響はない。海の水をコップで何杯か汲み上げるようなものだ」と、パソフは言う。

しかし、宇宙を破壊してしまうかもしれない。

真空にエネルギーがあるのは疑いない。カシミール力は、その証である。だが、真空のエネルギーが本当にありうる最低のエネルギーだということはありうるのか。そうでなければ、真空には危険が潜んでいるかもしれない。一九八三年、二人の科学者が《ネイチャー》誌で、真空のエネルギーをいじると、宇宙が〝自滅〟してしまうかもしれないと唱えた。その論文は、私たちの真空は不自然にエネルギーの大きい状態にある――斜面に不安定に載っているボールのような――「にせの」真空かもしれないと論じた。真空を十分強く押せば、斜面を転がり落ちはじめる――エネルギーがもっと低い状態に落ちつく――かもしれず、そうなったら止めることはできない。光の速さで膨張する巨大な、エネルギーの泡を解放し、後に破壊の爪痕を残す。そうして起こる世界の終末には私たちの原子の一つ一つが引き裂かれるかもしれない。

幸い、これはきわめてありそうもないシナリオだ。私たちの宇宙は何十億年にもわたって存在しており、私たちがそんな不安定な状態で生きているという可能性は小さい。そのような大惨事がありうるとしたら、すでに、それを引き起こすだけのエネルギーで宇宙線の衝突が真空に「火を点け」ているだろう。それでも、そういうことを信じる人たちのなかには――物理学者も含め――フェルミ研究所のような高エネルギー研究所のまわりでピケを張りつづける人がいる。高エネルギー衝突によって真空の自然崩壊が起こりかねないと信じているのだ。こうした懸念が正当なものだとしても、ゼロ点エネルギーで宇宙船を推進するのはほとんど不可能に思われる。しかし、パソフは真空からエネルギーを引き出すすべを見つけたと信じている。

理論上、真空の宇宙空間のどこよりも寒々としたところで絶対零度のもとカシミール効果からエネルギーを得ることができる。二つの金属板がくっつくと熱が発生する。電気に変換できる熱だ。しかし、悲しいかな、金属板は再び引き離さなければならず、それには先に発生したより大きなエネルギーが要る。おおかたの科学者は、この事実がある以上、真空のエネルギーで動く永久機関をつくるという考えは見込みなしだと考えている。だが、パソフは、自分はこのジレンマを避けるすべをいくつか知っていると考えている。一つは、金属板の換わりにプラズマを使うというものだ。

プラズマ、つまり荷電粒子のガスは、カシミール効果に関するかぎり、金属板と似たようなものだ。金属板が互いに押しつけられるのと同じように、伝導性の円筒型のガスならゼロ点ゆらぎによって圧縮される。崩壊でプラズマは熱せられ、エネルギーを放出する。パソフによれば、金属板と違って、プラズマは電光でたやすくつくれ、金属板は再び引き離さなければならないが、プラズマ「灰」は捨てられる。パソフは慎重にも、この方法で、投入されるエネルギーの三〇倍のエネルギーを得たと主張する。「証拠がいくらかある。特許も取った」とパソフは言う。しかし、パソフの装置は、これまでに提案されてきたあまたの〝エネルギーがただの《フリー・エナジー》〟機械の一つであり、そのなかで科学の吟味に耐えたものは一つとしてないのだ。ゼロ点エネルギーを利用するパソフの装置がそれらとは違うということはありそうもない。

量子力学と一般相対性理論によれば、ゼロの力は無限大であり、人々がその潜在的な力を開発できればと思うのは意外ではない。だが、今のところ、無からは何も出てこないようだ。

第8章　グラウンド・ゼロのゼロ時——空間と時間の端にあるゼロ

両者は無縁に見えた。
何人の目も見通すことはできなかった。
両者の後の歴史が結びつくのを。

トーマス・ハーディー『両者の邂逅』

現代物理学は二人の巨人の闘いである。非常に大きなものの領域、つまり、恒星、惑星系、銀河といった、宇宙でもっとも質量の大きな天体では一般相対性理論が幅を利かせる。非常に小さなものの領域、つまり、原子、電子、原子以下の粒子は、量子力学が支配する。一見、この二つの理論は、それぞれ宇宙の異なる側面について物理法則を定めるもので、調和して共存できるように見える。

だが、残念なことに、両方の領域に跨《また》がる対象がある。ブラックホールは非常に質量が大きいので、相対性理論の法則にしたがう。と同時に、非常に小さいので、量子力学の領域にも属する。そして、二組の法則はブラックホールの中心で、一致するどころか激突するのだ。

量子力学と相対性理論が併存するところにはゼロがある。二つの理論が出会うところにはゼロがあり、ゼロが二つの理論の衝突を引き起こす。ブラックホールは一般相対性理論の方程式のなかにあるゼロだ。真空のエネルギーは量子力学の数学に現れるゼロである。宇宙史上もっとも謎めいた出来事であるビッグバンは、どちらの理論にも含まれるゼロだ。宇宙は無から生まれた。そして、宇宙の歴史を説明しようとすると、どちらの理論も破綻してしまう。

ビッグバンを理解するには、物理学者は量子力学と相対性理論を結びつけなければならない。ここ数年、物理学者は、それに成功しはじめている。重力の量子力学的性格を説明する壮大な理論をつくりだし、それによって、この宇宙が創造されるさまを眺めることができるようになってきているのだ。しなければならなかったのは、ゼロを追放することだけだった。

万物の理論は実は無の理論だった。

ゼロの追放：ひも理論

問題は、ゼロ距離にいたるまで計算しようとすると、方程式が目の前で爆発し、無意味な答え――無限大のようなもの――が出てきてしまうことである。そのために、量子電気力学が最初に現れたとき、多くの困難が生じた。どんな問題を計算しようとしても、無限大が出てきてしまったのだ!

リチャード・ファインマン

一般相対性理論と量子力学は矛盾せざるをえなかった。一般相対性理論の宇宙は、なめらかなゴムシートだ。連続的で流れるようにつづき、けっして急に曲がったり尖っていたりしない。一方、量子力学は、飛び飛びの非連続的な宇宙を描く。二つの理論に共通するもの――そして、対立の焦点――は、ゼロだ。

ブラックホールの無限のゼロ――ゼロ空間に詰め込まれ、空間を無限に湾曲させる質量――は、なめらかなゴムシートに穴を開けてしまう。一般相対性理論の方程式はゼロの鋭さに対処できない。ブラックホールのなかでは空間も時間も無意味なのだ。

量子力学にも同様の問題がある。ゼロ点エネルギーに関連する問題だ。量子力学の法則は、電子のような粒子を点として扱う。つまり、少しの空間も占めないとするのだ。電子は〝ゼロ次元〟の対象で、そのゼロのような性質のため、科学者は電子の質量や電荷を知らない。

そう言うと、ばかげているように聞こえる。科学者が電子の質量や電荷を測定して一〇〇年近くになる。すでに測定されているものを物理学者が知らないなどということがどうしてありうるのか。答えはゼロにある。

科学者が実験室で目にする電子――物理学者、化学者、技術者が数十年来知っており、愛してきた電子――は偽物だ。本物の電子ではない。本物の電子は、ゼロ点ゆらぎ、つまり、ひっきりなしに生まれたり消えたりしている粒子でできたおおいのなかに隠されている。電子が真空中にあると、時折、こうした粒子の一つ、たとえば、光子を吸収するか吐き出すかする。このように粒子の群れがあると、電子の質量や電荷の測定はむずかしい。粒子が測定に干渉し、電子の真の性質を隠してしまうのだ。〝本当の〟電子は、物理学者が観測する電子より少し重く、電荷が大きい。

科学者は、もう少し近づければ、電子の本当の質量と電荷をもっと正確につかめるかもしれない。粒子の雲のなかに少し入り込める小さな装置を発明できれば、もっとはっきり確かめることができる。量子論によれば、測定装置が雲の端《はし》の仮想粒子をいくつか通りすぎる間、科学者は、電子の質量と電荷が上がるのを目にする。そして探査装置は電子に近づくうちに次ぎ次ぎに仮想粒子を通りすぎるので、観測される質量と電荷は増えていく。探査装置の電子からの距離がゼロに近づくと、通りすぎる粒子の数は無限大に向かう。量子力学によれば、ゼロ次元の電子は質量が無限大、電荷も無限大だ。

ゼロ点エネルギーの場合と同じく、科学者は電子の無限大の質量と電荷を無視することを学んだ。電子の本当の質量と電荷を計算するとき、電子から距離ゼロのところまでは行かない。ゼロの手前、任意な距離のところで止まる。科学者が適当に短い距離を選ぶと、〝本当の〟質量と電荷を使った計算はすべて一致する。これは「繰り込み」と呼ばれる手続きだ。「これこそ、私が、狂った手続きと呼ぶものだ」と物理学者のリチャード・ファインマンは書いている。繰り込みの技を完成させた功績でノーベル賞を受賞したにもかかわらず。

ゼロは、一般相対性理論のなめらかなシートに穴を開けるように、電子を霧で包んで、その点電荷を拡げて均《なら》す。しかし、量子力学は電子のようなゼロ次元点粒子を扱うので、量子論の粒子どうしの相互作用はすべて無限大を扱う。特異点なのである。たとえば、二つの粒子が融合するとき、一点で出会う。ゼロ次元特異点だ。この特異点は量子力学でも一般相対性理論でも意味をなさない。ゼロは、この二つの大理論の構造に潜むゆがみだ。だから物理学者はそれを取り除いたのである。

ゼロは空間と時間のなかで繰り返し現れるので、ゼロをどうやって取り除けばいいのか、明らかではない。ブラックホールはゼロ次元であり、電子のような粒子もそうだ。電子とブラックホールは実在するものである。物理学者は念じてそれらを消え去らせることはできない。しかし、科学者はブラックホールと電子に余分な次元を与えることはできる。これが〝ひも理論〟の存在理由だ。この理論は一九七〇年代に考えだされた。当時、物理学者たちは、一つ一つの粒子を、点というより振動するひもとして扱うことの利点に気づきはじめた。電子（およびブラックホール）を、点のようなゼロ次元の対象ではなく、ループをなすひものような一次元のものとして扱えば、一般相対性理論と量子力学の無限大は不思議にも消え去ってしまう。たとえば、繰り込みの障害——電子の無限大の質量と電荷——は消滅する。ゼロ次元の電子は特異点なので質量と電荷が無限大である。これに近づくと、測定値は無限大に向かって膨れ上がる。ところが、電子がひものループなら、もはや特異点ではない。これは、質量と電荷が無限大に向かわないということだ。電子に近づくとき、粒子が形づくる無限の雲を通り抜けないからである。さらに、二つの粒子が融合すると、もはや特異点で出会いはしない。なめらかで連続的な時空の面を形づくる（図54、55）。

ひも理論では、異なる粒子は実は同じ種類のひもであり、ただ異なる揺れ方をしているだけだ。宇宙にあるすべてのものは、こうしたひもでできている。ひもは直径10^{-33}センチほどで、中性子の大きさに対するひもの大きさの比率が、太陽系の大きさに対する中性子の大きさの比率と同じくらいである。私たちくらい大きいものの視点から見ると、ひものループは、あまりに小さくて点のように見える。ループより小さい距離（および時間）は問題にならない。物理的に意味をなさないのだ。ひも理論では、ゼロは宇宙から追放されている。ゼロ距離とかゼロ時間といったものはない。これで量子力学の無限大問題はすべて解決する。

ゼロを追放することで、一般相対性理論の無限大問題も解決する。ひもとしてブラックホールを想像すれば、もはや物体は時空の基本構造の裂け目を通って落ちるのではない。粒子をなすループが、ブラックホールのループに近づくと、引き伸ばされて、ブラックホールに触れる。二つのループは震え、裂け、一つのループを形づくる。わずかに質量の大

図54　点粒子からは特異点が生じるが……

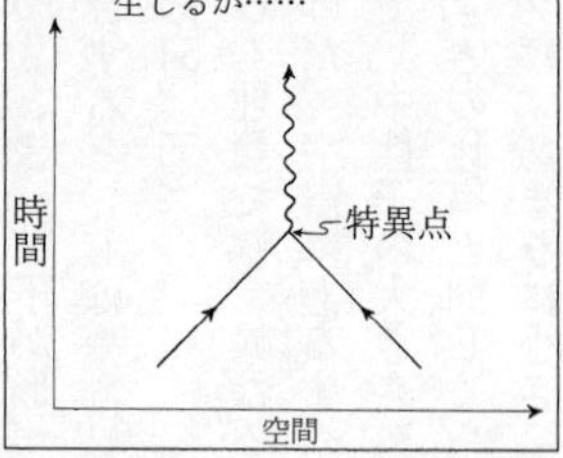

図55　……ひも粒子からは特異点が生じない。

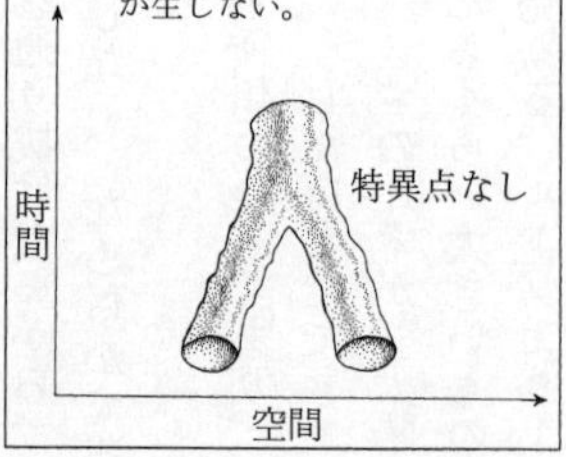

きいブラックホールだ（粒子をブラックホールに融合させると、〃タキオン〃という奇怪な粒子ができると考える理論家もいる。虚の質量をもち、時間をさかのぼり、光より速く進む粒子だ。このような粒子も、ある種のひも理論では受け入れられるかもしれない）。

宇宙からゼロを取り除くのは、過激なように思われるかもしれないが、ひもは点よりずっと扱いやすい。ゼロを除去することで、ひも理論は、量子力学の非連続的で粒子のような性格をなめらかにし、ブラックホールによって一般相対性理論にできた裂け目を繕《つくろ》う。こうした問題が解決すると、二つの理論はもはや矛盾しない。物理学者は、ひも理論によって量子力学と相対性理論は統一されると考えはじめた。ひも理論は量子的重力の理論、つまり宇宙のあらゆる現象を説明する万物の理論につながると考えたのだ。ところが、ひも理論にはいくつか問題があった。

たいていの人にとって、四次元は一つ多すぎる。次元のうち三つは見て取りやすい。左右、前後、上下の三つの次元で私たちは動ける。第四の次元が登場したのは、時間がこの三つの次元と似たものであることをアインシュタインが示したときだ。私たちは、ハイウェイを突っ走る車のように絶えず時間のなかを進んでいる。私たちは、ハイウェイを走る速さを変えられるように、時間のなかを進む速度を変えられるということを相対性理論は示している。空間のなかを速く進むほど、時間のなかを速く進む。アインシュタインの宇宙を理解するには、時間は第四の次元だという考えを受け入れなければならない。

四ならもっともだ。しかし、一〇だって？　四次元は測定できるが、あとの六次元はどうなったのか。ひも理論によれば、小さなボールのように、目に見えないほど小さく丸まっているのだ。紙切れを手にとってみると、二次元の物体のように見える。長さと幅はあるが、厚みはないようだ。しかし、紙の縁を虫眼鏡で見れば、少し厚みがあることがわかってくる。道具の助けを借りなければわからないが、普通の条件のもとでは見えないほど小さい三つ目の次元がそこにある。同じことが、余分な六つの次元にも当てはまる。日々の暮らしのなかでは、小さすぎて見えない。近い将来に製作しうるもっとも強力な装置を使っても検出できないほど小さいのだ。

この六つの余分な次元は何を〝意味〟するのだろうか。何も意味しない。本当にそうなのだ。長さ、幅、時間など、私たちが慣れ親しんでいるどんなものとも比較できない。数学上の操作がしかるべき形でうまくいくようにする数学上の構成物にすぎない。虚数と同じで、計算をするのに必要であるにもかかわらず、私たちにはそれを見たり感じたりその匂いを嗅《か》いだりすることはできない。これは物理学的には奇妙な概念だが、物理学者の興味を引くのは、方程式の理解可能性ではなく、その予測力である。そして、六つの余分な次元があっても、克服不可能な問題にはならないのだ。数学的には。しかし、それらを見つけるのは、克服不可能な問題かもしれない（近頃は一〇でも少ないように思える。ここ数年、物理学者たちは、競合する多くのひも理論の変種が実は、ある意味で同じものであることに気づいた。直線と点が互いに双対関係にあることをポンスレが認識したように、今や科学者は、これらが互いに双対関係にあることを認識している。科学者は今では、これら競合する理論すべての根底に巨大理論があると考えている。いわゆるM理論だ。これは一〇次元ではなく一一次元の世界で成り立つ。

ひも（あるいは、多次元の膜である〝ブレイン〟）は、小さすぎて、どんな装置を使っても見つけることは望めない。少なくとも、私たちの文明がずっと進歩するまでは。素粒子物理学者は原子以下の領域を粒子加速器で見る。磁場などの手段を用いて、小さな粒子を非常に速く動かす。こうした粒子は互いに衝突すると、破片を散らす。粒子加速器は原子以下の世界の顕微鏡であり、こうした粒子にエネルギーをつぎ込むほど――顕微鏡が強力なほど――小さな対象を見ることができる。

スーパーコンダクティング・スーパーコライダー（超伝導超衝突型加速器）は、一九九〇年代はじめまで構想されていた数十億ドル規模のプロジェクトで、史上もっとも強力な粒子加速器になるはずだった。ワシントン市を取り巻く環状道路ほどの規模である周囲五四マイルのループに磁石が一万個以上配置されることになっていた。これでも、ひもや丸まった次元を見られるだけの威力には遠く及ばない。ひもを見るには、周囲およそ六〇〇〇兆マイルの粒子加速器が必要になる。粒子がこれを一周するには、光の速さで飛んでも一〇〇〇年かかる。

現在想像できるどんな装置でも科学者はひもをじかに見ることはできない。ブラックホールや粒子が本当にひもなのかどうかについての証拠を得るには、物理学者はどんな実験をすればいいのか、誰も思いつかない。これが、ひも理論への主たる反論だ。科学は観測と実験に基づくものであり、ひも理論は科学ではなく哲学だと主張する批判者もいる(最近の一組の理論によれば、こうした丸まった次元のなかには、10^{-19}センチあるいはもっと大きいものもあるかもしれないという。だとすれば、そうした次元は実験の領域に入ってくる。ただし、今のところ、こうした理論は、ごろつき理論と見なされている。面白いが、せいぜいごくわずかな見込みしかないというわけだ)。

ニュートンによる運動と重力の法則によって物理学者は、惑星などの物体が宇宙のなかで運動する仕方について説明を与えられた。新たな彗星が発見されるたびに、ニュートンの計算に新たな裏付けが与えられた。しかし、問題がいくつかあった。たとえば、水星の軌道は、ニュートンの予測と食い違う仕方で揺れ動いた。しかし、全体としてはニュートンの理論は繰り返し検証され、たいてい合格した。

アインシュタインの理論はニュートンの誤りを正した。たとえば、彗星の揺れを説明した。そして、やはり重力の働き方について検証可能な予測をおこなった。エディントンは、日食の最中に恒星の光が曲がるのを観測し、こうした予測の一つを確認した。

一方、ひも理論は、すでに存在する理論をいくつか結びつけて、ブラックホールと粒子の振る舞い方についていて予測をいくつかおこなうが、そうした予測はどれ一つとして検証可能でも観測可能でもない。ひも理論は数学的に矛盾がないし、美しくさえあるかもしれないが、まだ科学ではない。*

＊そう、数学は〝美しい〟ことも〝醜い〟こともある。音楽や絵画の美しさがどこからくるのかを述べるのがむずかしいのと同じくらい、数学の定理や物理学の理論の美しさがどこからくるのかを述べるのはむずかしい。美しい理論は単純で簡潔である。完全だという印象、対称的だという謎めいた印象を与える。アインシュタインの理論は、とくに美しい。マクスウェルの方程式もだ。しかし、多くの数学者にとって、オイラーが発見した方程式$e^{i\pi}+1=0$は美しい数式の模範である。このきわめて単純で簡潔な公式のなかで、数学で重要な数すべてがまったく予想外の形で関連づけられているからだ。

ひも理論で宇宙からゼロを追放するという考えは、当分の間、科学というより哲学思想にとどまる。ひも理論が正しい可能性は十分あるが、確かめる手段はけっして手に入らないかもしれない。ゼロはまだ追放されていない。それどころか、ゼロが宇宙を創造したように思われる。

ゼロ時：ビッグバン

ハッブルの観測から、宇宙の大きさが無限小で、密度が無限大だった、ビッグバンと呼ばれる時点があったと考えられる。このような条件のもとでは、科学の法則はすべて、したがって、将来を予測する能力はことごとく崩れさる。

スティーヴン・ホーキング『ホーキング、宇宙を語る』

宇宙はゼロのうちで生まれた。

空虚のなか、まったくの無のなかから、とてつもない爆発が起こって、宇宙全体を形づくる物質とエネルギーがすべて生じた。この出来事——ビッグバン——は多くの科学者や哲学者にとって恐ろしい観念だ。この宇宙が有限だと——宇宙にはじまりがあったと——天体物理学者が一致して認めるようになるまで、長くかかった。

有限の宇宙に対する偏見は古くからある。アリストテレスは宇宙が無から創造されたという考えを斥けた。無はけっして存在しえないと信じていたからだ。だが、それではパラドクスが生じた。この宇宙が無からは生まれえなかったとすると、この宇宙が生まれる前に〝何か〟が漂っていたはずだ。この宇宙が生まれる前に何らかの宇宙があったはずだ。アリストテレスにとって、この苦境から逃れるすべは、宇宙は永遠不滅だと考えることだけだった。これまで常に存在したし、これからも常に存在すると考えるのだ。

西洋文明はやがてアリストテレスと聖書のどちらかを選ばなければならなくなった。聖書によれば、有限の宇宙は無から生まれたのであり、最後には消滅する。セム族の聖書に描かれた宇宙はアリストテレスの宇宙を打ち倒したが、永久不変の宇宙という考えは完全には消し去られず、二〇世紀にいたっても生き残っていた。この考えに導かれて、アインシュタインは、自らわが学者人生最大の誤りと呼んだ誤りを犯した。

アインシュタインにとって、一般相対性理論は重大な欠陥を抱えていた。宇宙の終わりを予言していたのだ。一般相対性理論の方程式によれば、宇宙は不安定だった。選択肢は二つしかなく、どちらも同じくらい不快だった。

一つの可能性は、宇宙はそれ自身の重力でつぶれてしまうというものだった。宇宙は、小さくなるにつれて、熱くなる。放射で明るく輝いて燃え、あらゆる生命を滅ぼし、ついには物質を形づくる原子を破壊する。いわば焼死だ。最後に宇宙はつぶれて——ブラックホールのように——ゼロ次元の点のなかにおさまり、永久に消滅する。

もう一つの可能性は、どちらかといえば、もっと不快だ。宇宙はいつまでも膨張しつづける。銀河は互いに遠ざかり、宇宙で生じる、エネルギーの大きな反応をすべて推進している恒星はまばらになっていく。恒星は燃料を使い果たして燃え尽き、銀河は暗く――そして冷たく静かに――なっていく。恒星を形づくる冷たい死せる物質は崩壊し、後には宇宙全体に一様に広がる放射しか残らない。宇宙は暗くなっていく光の冷たいスープになる。凍死である。

アインシュタインにとって、こうした展望は忌まわしいものだった。アリストテレスと同じく、暗黙のうちに、宇宙は静的で不変で永遠不滅であるものと考えていた。解決法は、迫り来る破壊を食い止めるべく一般相対性理論の方程式を「修正」することだけだった。アインシュタインは、そのために〝宇宙定数〟を付け加えた。宇宙は崩壊するのでも膨張するのでもなく、均衡を保ちうる。宇宙定数が示す力は重力と釣り合う。重力に対抗する、まだ探知されていない力だ。宇宙定数が示す力は重力と釣り合う。このような謎めいた力の存在を仮定したのは、捨て鉢の行動だった。「私は、精神病院に閉じ込められる危険に身をさらすようなことをまたしでかしてしまった」とアインシュタインは書いているが、宇宙に破滅の運命が迫ることを心配するあまり、このような劇的な行動に出ずにはいられなかったのだ。

アインシュタインは精神病院に放り込まれなかった。アインシュタインは、それまで奇妙な考えを唱えてきて、しかもまったく正しかった。だが、今回はそれほど幸運ではなかった。恒星自身が、静的で永遠不滅だというアインシュタインの宇宙観を打ち砕いてしまったのだ。

一九〇〇年には、銀河系すなわち知られている宇宙だった。天文学者は、恒星が形づくるこの小さな円盤の外に何かがあるなどとは、ほとんど想像もしていなかった。天文学者は、輝く渦巻き型の雲をいくつか見つけていたが、それらが銀河系の外にある輝くガス以上のものだと信じる理由はあまりなかった。一九二〇年代に、状況は一変した。エドウィン・ハッブルという名の米国の天文学者のおかげで。

セファイド（ケフェウス型）変光星と呼ばれる特殊な種類の恒星に備わっているある性質を利用して、ハッブルは遠い天体までの距離を測定することができた。セファイド変光星は周期的に明るさを変化させ、規則正しく明るくなったり暗くなったりするのだ。その周期は、セファイド変光星が発している光の量と密接に関係している。セファイド変光星は〝標準光源〟、つまり明るさがわかっている天体であり、ハッブルにとって重要な道具となった。

列車がこちらに向かってくるのを見ていると、そのヘッドライトが明るくなっていくように見える。ヘッドライトがどれだけの光を発しているのかがわかっていれば――ヘッドライトが標準光源だとすれば――ある距離でヘッドライトがどのくらい明るく見えるかがわかる。近づけば近づくほど明るく見える。同じ論理は逆向きにも働く。列車のヘッドライトがどれだけの光を発しているかがわかっていれば、その見かけの明るさを測定して、列車の距離を計算できる。

ハッブルはちょうど同じことをセファイド変光星についておこなった。ハッブルが見た恒星の大半は、数十あるいは数百あるいは数千光年離れていた。だが、渦巻き型の雲の一つ――当時、アンドロメダ星雲と呼ばれていたもの――でセファイド変光星がちらちら光っているのを見つけると、明るさを測定して計算をおこない、星雲が一〇〇万光年離れているという結論に達した。これは銀河系の端よりはるかに遠かった。アンドロメダは、輝くガスの雲ではなかった。星の集まりであり、遠すぎて、光の点の集まりというより、しみのように見えていたのだ。さらに遠い渦巻き型の銀河もあった。今日、天文学者は、宇宙は直径一五〇億光年ほどで、いたるところに銀河団が散らばっていると推測している。

これは驚くべき発見だった。それまで推測されていたより何百万倍も大きいというのだ。この観測は驚異的だったが、ハッブルはこのことでもっともよく記憶されているわけではない。ハッブルの第二の発見こそ、アインシュタインの永遠不滅の宇宙を打ち砕いたものだった。

ハッブルはセファイド変光星を利用して次々に銀河までの距離を測定したが、まもなく、不安をかきたてるパターンに気づいた。銀河はすべて、秒速何百マイルもの高速で銀河系から遠ざかっていたのだ。銀河はあまりにも遠いので、こうした大きな速度さえじかには測定できなかったのである。

銀河の速さを測るには、ドップラー効果――警察のレーダーガンに応用されているのと同じ原理——を利用するしかなかった。列車が通りすぎるとき、警笛の音の高さが変わるのに気づいたことがおありかもしれない。列車が近づくとき、警笛の音は高いが、通りすぎると、急に音が低くなる。これは、列車の動きが前方の音波を押しつぶし（高周波の、高い音をつくり）、後方の音波を引き伸ばす（低周波の、低い音をつくる）からだ（図56）。これがドップラー効果であり、光にも生じる。恒星が地球に向かって進んでいれば、光は押しつぶされ、普通より周波数が高くなる。スペクトルの青い端のほうにずれる。いわゆる〝青方偏移〟を起こす。恒星が遠ざかっていれば、逆のことが起こる。光は引き伸ばされ、〝赤方偏移〟を起こす。

警察は、車に跳ね返された光——電波——がどのような偏移を起こすかを調べて、車のスピードを知ることができる。同じように、天文学者は、恒星の光のスペクトルがどのような偏移を起こすかを見て、恒星がどれくらい速く動いている——近づいている、あるいは遠ざかっている——かを導き出せる。

ハッブルは、距離データと、ドップラー効果による速さのデータとを組み合わせて、衝撃的な結果を見いだした。銀河はあらゆる方向で私たちから高速で遠ざかっているばかりでなく、遠ければ遠いほど、速く遠ざかっていた。

どうしてこんなことになるのか。水玉模様の風船を想像してみるといい。水玉は銀河、風船そのものは時空の基礎構造だと思えばいい。風船がふくらむと、水玉は互いに離れて

図56　ドップラー効果

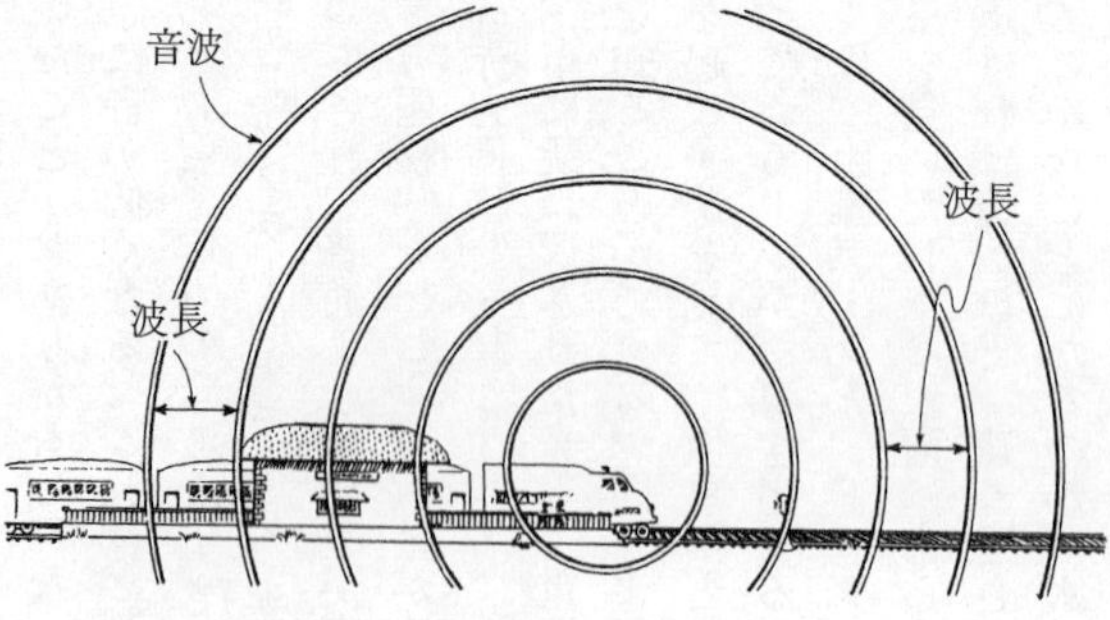

静止した列車

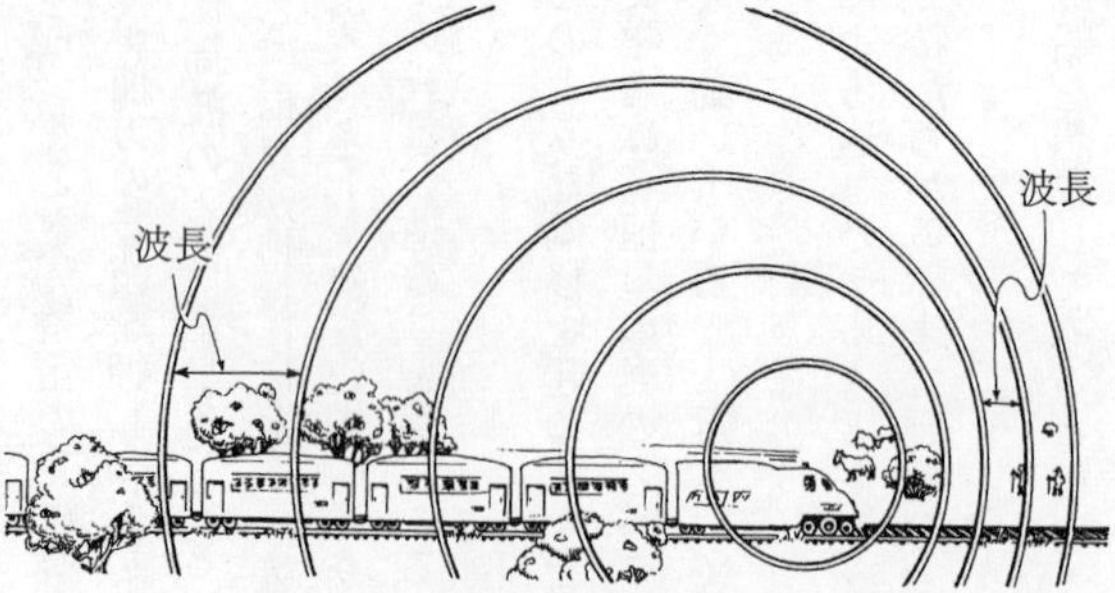

動いている列車

図57　膨張する宇宙

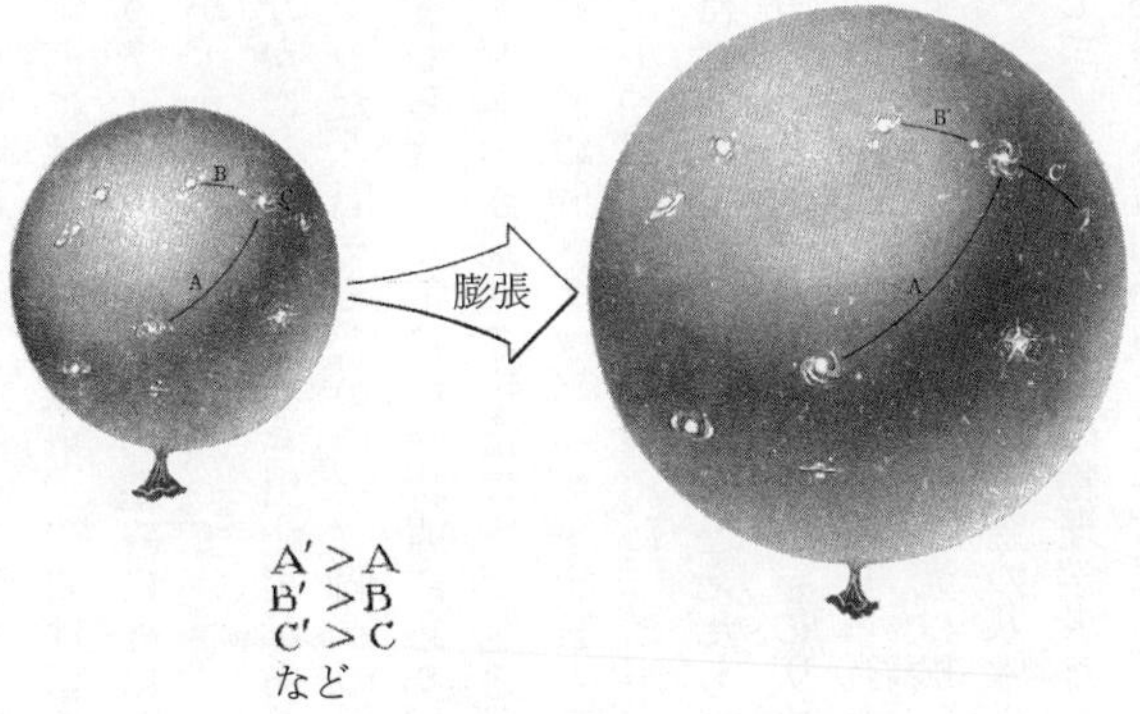

いく。どの水玉から見ても、他の水玉はすべて遠ざかっていき、遠い水玉は近い水玉より速く遠ざかっていく（図57）。宇宙は、風船のように膨張しているらしい（風船のたとえには一つ欠陥がある。水玉は風船が膨張するにつれて大きくなるが、銀河はそれ自身の重力でまとまっていて、同じ大きさを保つ）。

時がたつにつれて、宇宙は膨張しつづける。別の見方をすると、宇宙史の映画を逆回しすれば、宇宙は縮んでいく。宇宙という風船はやがて一点になり消滅する。時間と空間のはじまりの特異点だ。これが、原初のゼロ、宇宙の誕生、宇宙を創造したすさまじい爆発、ビッグバンだ。この特異点から、宇宙にあるすべての物質とエネルギーが噴き出し、これまでに存在した――またこれから現れる——あらゆる銀河、恒星、惑星をつくりだすのだ。宇宙は、およそ一五〇億年前にはじまり、以来、空間は膨張してきた。宇宙が不変で永遠不滅であってほしいというアインシュタインの望みは死にかけていた。

だが、かすかな望みが残っていた。ビッグバンに対抗する理論、定常宇宙論だ。天文学者のなかには、物質を吐き出す泉があり、銀河はこうした泉から遠ざかり、年老いて死んでいくのだと唱える者がいた。個々の銀河は遠ざかって死ぬが、宇宙は全体としてはけっして変わらない。常に均衡状態にあり、絶えずその中身を補充しているというのだ。アリストテレスの永遠なる宇宙はまだ生き残っていた。

しばらくの間、ビッグバン宇宙論と定常宇宙論は共存していて、天文学者は自らの哲学にしたがってどちらかを選んだ。だが、一九六〇年代半ばに状況は一変した。科学者がハトの落とし物のなせる業と間違えたものによって、定常宇宙論は命脈を絶たれたのだ。

一九六五年、プリンストン大学の天文学者数人が、ビッグバンの直後に何が起こったかを計算していた。宇宙全体が信じられないほど熱く高密度だったにちがいない。明るい光を発して輝いていたろう。その光は風船宇宙が膨張しても消えてしまいはしなかった。むしろ、ゴムシートのような時空の基本構造が伸びるにつれて、伸び広がったろう。少し計算をして、プリンストンの物理学者たちは、この光はスペクトルのマイクロ波の領域に属し、あらゆる方角からきているにちがいないと理解した。この〝宇宙背景放射〟はビッグバンの残照だった。そして、ビッグバン宇宙論が正しく、定常宇宙論が間違っているという最初の直接の証拠を物理学者に与えることになる。

プリンストンの科学者は、自分たちの予測の正しさが確認されるまで長く待たなくてもよかった。ニュージャージー州マレーヒル近くにあるベル研究所で、技術者が二人、高感度マイクロ波検出装置の試験をしていた。いくらいじっても、装置をきちんと働かせることはできなかった。取り除くことのできないシューシューというマイクロ波のノイズ――ラジオの雑音のようなもの――があった。技術者たちは、はじめ、これはアンテナについたハトの糞のせいだと考えたが、ハトどもを追い払い、ハトの落とし物を取り除いても、シューシューという音は残った。ノイズを取り除くために思いつくかぎりのことを試したが、何をしても役に立たなかった。それから、技術者たちは、プリンストンのグループの仕事のことを耳にして、自分たちは宇宙背景放射を見つけたのだと悟った。ノイズはハトの落とし物のせいではなかった。ビッグバンで発せられた光の叫びが、引き伸ばされ、ゆがめられて、シーというささやき声になったものだったのだ（この発見のために、この技術者たち、アーノ・ペンジアスとロバート・ウィルソンはノーベル賞を受賞する。ボブ・ディッキーとP・J・E・〝ジム〟・ピーブルズをはじめとするプリンストンの物理学者たちは何ももらわなかった。この結果は公平とはとても言えないと考える科学者は少なくない。ノーベル賞選考委員会は、重要な理論よりも、骨の折れる注意深い実験に報いようとする傾向がある)。

ビッグバンの証拠は見つかった。静的宇宙の神話は死んだ。有限な宇宙という観念は魅力的ではなかったが、物理学者たちは次第にビッグバンを受け入れ、宇宙にははじまりがあったと一致して認めるようになった。しかし、この理論にはなお問題があった。たとえば、宇宙はいくらかむらがあった。密度の高い銀河の集まりが広大な虚空に隔てられている。と同時に宇宙はむらがありすぎるわけでもない。どの方角でもおおよそ同じように見える。つまり、物質がすべて一つの巨大なかたまりになったわけではない。宇宙が特異点から生まれたのなら、ビッグバンで生じたエネルギーは宇宙全体をだいたいむらなくおおうか、一つの大きなかたまりになるかしたはずだ。風船は水玉模様にはならず、風船全体にむらなく影ができるか、大きな水玉が一つできるはずである。ちょうどいい程度のむらがあることの説明となる何かがあるはずだ。そして、さらに困った問題だが、ビッグバンの特異点はどこからきたのか。ゼロが秘密を握っている。

真空のゼロによって宇宙のむらは説明がつくかもしれない。宇宙のいたるところにある真空は、仮想粒子の量子的な泡で沸き立っているのだから、宇宙の基礎構造は無限大のゼロ点エネルギーで満ちている。適当な条件のもとでは、このエネルギーは物体を激しくゆさぶりうる。初期の宇宙では物体を引き離したかもしれない。

一九八〇年代に物理学者たちは、初期の宇宙では今日よりゼロ点エネルギーが大きかったのだと唱えた。その余分なエネルギーはあらゆる方向に膨張しようとして、時空の基礎構造を高速で押し広げる。エネルギーの大爆発とともに風船をふくらませ、宇宙のむらを均《なら》す。風船に一息吹き込むと風船のしわがのびるように。なぜ宇宙は比較的むらがないのか、これで説明がつく。しかし、ビッグバン直後の真空は、にせの真空だ。そのゼロ点エネルギーは不自然に大きい。ゼロ点エネルギーはこのような高いエネルギー状態にあるため、本質的に不安定であり、たいへん急速に──一秒の一兆分の一の一兆分の一足らずで──にせの真空は崩壊して、真の真空に戻り、そのゼロ点エネルギーは、この宇宙に観測される普通の大きさになる。瞬間湯沸器で高温に熱せられた水のようなものだ。〝真〟の真空の小さな泡ができ、光の速さで膨張したろう。私たちに観測できる宇宙は、こうした泡の一つ──あるいは、泡がいくつかつながったもの──の内側におさまっている。形づくられ融合したこうした膨張する泡の非対称性で、宇宙の非対称性は説明できる。このインフレーション理論によれば、恒星と銀河を生みだしたのは、ゼロでないゼロ点エネルギーだ。

またゼロは、何が宇宙を創造したのかという秘密を握っているかもしれない。真空の無とゼロ点エネルギーは、粒子を生みだすように、宇宙を生みだすのかもしれない。量子的な泡、粒子の自発的な誕生と死で宇宙の起源の説明がつくかもしれない。宇宙は、大規模な量子的ゆらぎ──究極の真空から発生した巨大な無比の粒子──なのかもしれない。このいわば宇宙の卵は爆発し、膨張して、私たちの宇宙の時空を創造する。この宇宙は多くのゆらぎの一つにすぎないかもしれない。物理学者のなかには、ブラックホールの中心の特異点は、ビッグバン以前の原初の量子的な泡へと開かれた窓だと——そして、ブラックホールの中心の泡のなかでは、時間と空間に何の意味もないが、そこから新しい宇宙が泡のように無数に生まれ、膨張し、それ自身の恒星と銀河をつくっていると——考える者もいる。ゼロは、私たちの存在——そして無限個の宇宙の存在——の秘密を握っているかもしれない。

ゼロは、物理法則を揺るがすほど強力である。この世界を記述する方程式が意味をなさなくなるのは、ビッグバンのゼロ時であり、ブラックホールのグラウンド・ゼロだ。しかし、ゼロは無視できない。ゼロは私たちの存在の秘密を握っているばかりでなく、宇宙の終わりの原因にもなるのだ。

第∞章　ゼロの最終的勝利

こうして世界は終わる。
バンとではなくプスッと。

T・S・エリオット「うつろなる人々」

物理学者のなかには、方程式からゼロを取り除こうとしている者もいる一方、ゼロが最後に笑うかもしれないことを示そうとしている者もいる。科学者たちは、宇宙誕生の秘密を解きあかすことはないかもしれないが、宇宙の死を理解する一歩手前まではきている。宇宙論の究極の運命はゼロとともにあるのだ。

アインシュタインの重力方程式によれば、この宇宙は静的で不変ではありえなかった。その代わり、他のいくつかの運命がありえた。宇宙がどの運命をたどるかは、宇宙にある物質の量による。軽い宇宙の場合、時空の気球はいつまでも膨張しつづけ、大きくなっていく。恒星と銀河は、一つまた一つと消えていく。宇宙は冷たくなり、〝熱的死〟にいたる。

しかし、質量――銀河、銀河団、誰も見たことのない暗黒物質――が十分にあれば、最初にビッグバンで一押しされるだけでは、風船がいつまでもふくらみつづけるのに十分ではない。銀河は引っ張り合い、やがて時空の基本構造をたぐり寄せる。風船はしぼみはじめる。収縮は速さを増す。宇宙は熱くなっていき、ついには逆向きのビッグバンを起こす。ビッグクランチである。私たちの運命はどちらか。ビッグクランチか熱死か。答えはすぐそこにある。

天文学者が遠い銀河を見るとき、過去を見ている。太陽系に近い、一〇〇〇万光年離れた銀河を考えよう。この銀河を出発した光線が地球にたどりつくまで一〇〇〇万年かかる。私たちの目に今届いている光は一〇〇〇万年前にこの銀河を出たのだ。天文学者が見ている天体が遠いほど、遠い過去を見ていることになる。

宇宙の運命は、この時空がどのように膨張しているかにかかっている。膨張の速さが急速に下がっていれば、ビッグバンのエネルギーがほとんど使い果たされているという確かな徴候だ。この宇宙はビッグクランチに向かっているのである。一方、宇宙の膨張の速さがそれほど急速に下がってはいなければ、ビッグバンのエネルギーは時空の基本構造に、永久に膨張しつづけるだけの勢いを与えたかもしれない。

天文学者たちは、宇宙の膨張の変化を測定しはじめている。超新星（爆発する星）の一種で、Ｉａ型と呼ばれるものは、ハッブルのセファイド変光星と同じく標準光源である。

Ｉａ型超新星は、おおよそ同じように同じ明るさで爆発する。だが、ハッブルのセファイド変光星と違って、超新星は何十億光年ものかなたから見える。

一九九七年末、Ｉａ型超新星を利用して、いくつかのたいへん暗い古い銀河までの距離を測定したと天文学者たちが発表した。銀河までの距離から銀河の年齢がわかる。そして、ドップラー偏移から速度がわかる。さまざまな時代の銀河がどのくらいの速さで遠ざかっているかをくらべることによって、天文学者たちは、時空がどれほど速く膨張しているかを突き止めることができた。天文学者たちが得た答えは、奇妙なものだった。

宇宙の膨張の仕方は遅くなっていない。むしろ速くなっている。超新星のデータによれば、宇宙は大きくなっているし、その速さも増していると考えられる。そうだとすれば、重力に対抗するものがあるのだから、ビッグクランチの可能性は小さい。再び物理学者は宇宙定数――アインシュタインが自分の方程式に付け加えた謎めいた項――について語っている。アインシュタインの最大のへまは、実はへまではなかったかもしれないのだ。

この謎めいた力も真空の力かもしれない。時空のなかを沸き上がる小さな粒子は、外に向けて押す穏やかな力を及ぼし、感知できないほどわずかに時空の基本構造を引き伸ばす。何十億年もの間には、伸びが積み重なって、宇宙は膨張の速さを増す。この宇宙の運命はビッグクランチではなく、永遠につづく膨張、温度の低下、熱死となる。真空を無限個の粒子で満たす、量子力学の方程式に含まれるゼロ、ゼロ点エネルギーのおかげで。

天文学者はまだ慎重だ。超新星から得られたこうした結果は暫定的なものである。だが、観測がおこなわれるたびに、確実さを増している。また、ガスの柱や、ある視野のなかにある〝重力レンズ〟の数を分析する研究で、超新星から得られた結果が裏付けられ、やはり宇宙がいつまでも膨張しつづけると考えられる。宇宙は熱い死ではなく冷たい死にいたるのだ。

答えは火ではなく氷である。ゼロの力のおかげで。

無限大とそのかなた

しかし、私たちが完全な理論を発見したら、その理論は、原理的には、時間をかければ少数の科学者だけでなく誰もが理解できるものであるはずだ。そうなれば、私たちはみな、哲学者も科学者も普通の人々も、私たちと宇宙が存在するのはなぜかという問題をめぐる議論に参加できる。その答えが見つかれば、人間の理性の究極の勝利となる。何しろ、私たちは神の心を知るのだから。

スティーヴン・ホーキング

ゼロは、物理学の大きな謎すべての背後にある。ブラックホールの無限大の密度は、ゼロで割った結果だ。ビッグバンによる無からの宇宙創造も、ゼロで割った結果である。真空の無限大のエネルギーも、ゼロで割った結果だ。だが、ゼロで割ることは、数学の基本構造と論理の枠組みを破壊する。そして、科学の土台そのものを掘り崩す恐れがある。

ゼロの時代より前のピュタゴラスの時代、純粋な論理が至上のものとして君臨していた。宇宙は予測可能で秩序立っていた。有理数の上に築かれ、神の存在を含意していた。ゼノンの厄介なパラドクスは、数の世界から無限とゼロを追放することによって片づけられた。

科学革命によって、純粋に論理的な世界は、哲学よりも観察に基づいた経験的な世界に取って代わられた。ニュートンは、宇宙の法則を説明するために、自らの微積分が抱える不合理――ゼロで割ることによって生じる不合理――を無視しなければならなかった。

数学者と物理学者が、ゼロで割るという微積分が抱える問題を乗り越え、微積分をもう一度論理的な枠組みの上に置いたとたん、ゼロは量子力学と一般相対性理論の方程式に現れ、またも科学を無限で汚した。宇宙のゼロでは論理が破綻する。量子論と相対性理論は崩れ落ちる。問題を解決するために科学者たちは、ゼロをいま一度追放すること、そして宇宙を支配する法則を統一することに取りかかった。

科学者が成功すれば、宇宙の法則を理解することになる。私たち人類は、宇宙の隅々、はじまりから終わりまで、すべてを支配する物理法則を知る。宇宙のどんな気まぐれがビッグバンを創造したのかを理解する。神の心を知る。だが、今回はゼロを打ち破るのはそうたやすくはないかもしれない。

量子力学と一般相対性理論を統一し、ブラックホールの中心を記述して、ビッグバン特異点を説明するさまざまな理論は、実験からあまりに遠く離れており、どれが正しくて、どれが正しくないのかを特定するのは不可能かもしれない。ひも理論提唱者と宇宙論者の議論は、数学的に精密であると同時に、ピュタゴラスの哲学におとらず無用かもしれない。こうした数理的な理論は美しく整合的かもしれないし、宇宙の本質を説明するように思われるかもしれない。だが、まったく間違っているかもしれない。

科学者が知っているのは、宇宙が無から生まれたこと、そして無に帰るということだけである。

宇宙はゼロからはじまり、ゼロに終わるのだ。

付録A

動物か、野菜か、大臣か

aとbがそれぞれ1に等しいとする。aとbは等しいから、

$b^2 = ab$（等式1）

aはそれ自身に等しいから、明らかに

$a^2 = a^2$（等式2）

等式2から等式1を引くと、

$a^2 - b^2 = a^2 - ab$（等式3）

この式の両辺は因数分解できる。$a^2 - ab$　は$a(a-b)$に等しい、同様に$a^2 - b^2$は（$a+b$）（$a-b$）に等しい（ここでは、うさんくさいことは何も起こっていない。この言明は文句なしに正しい。数を入れて、確かめてみるとよろしい！）。これを等式3に代入すると、

$(a+b)(a-b) = a(a-b)$（等式4）

ここまでは問題ない。さて、両辺を（$a-b$）で割ると、

$a+b=a$（等式5）

両辺からaを引くと、

$b=0$（等式6）

ところが、この証明の冒頭でbを1としたから、等式6より

1=0（等式7）

これは重大な結果だ。議論を進めよう。私たちは、ウィンストン・チャーチルに首が一つあることを知っている。ところが、等式7より1は0に等しいので、チャーチルには首がない。同様に、チャーチルには葉っぱが生えている端っこがないので、葉っぱが生えている端っこが一つある。また、等式7の両辺に2を掛けると、

2=0（等式8）

チャーチルには脚が二本ある。したがって、脚がない。チャーチルには腕が二本ある。したがって、腕がない。等式7の両辺にチャーチルのウエスト・サイズを掛けると、

（チャーチルのウエスト・サイズ）=0（等式9）

つまり、チャーチルの胴は先細りになっていて、ウエストは一点である。では、ウィンストン・チャーチルは何色をしているだろう。チャーチルから出るいずれかの光線から光子を一つ選ぶ。等式7の両辺に波長を掛けると、

（チャーチルの光子の波長）＝0（等式10）

等式7の両辺に640ナノメーターを掛けると、

640＝0（等式11）

等式10と等式11を組み合わせると、

（チャーチルの光子の波長）＝640ナノメーター

つまり、この光子は——チャーチルから発せられるどの光子も——オレンジ色だ。ウィンストン・チャーチルは明るいオレンジ色である。

まとめると、私たちは数学的に以下のことを証明した。ウィンストン・チャーチルは腕

も脚もない。首の代わりに葉っぱが生えている。胴は先細りになっていて、先が一点になっている。明るいオレンジ色をしている。明らかにウィンストン・チャーチルはニンジンである（これを証明するもっと簡単な方法がある。等式7の両辺に1を加えると、

$$2=1$$

ウィンストン・チャーチルとニンジンは相異なる二つのものである。したがって、一つのものである。しかし、これでは、先の証明とくらべてずっと納得がいかない）。

この証明のどこがおかしいのか。欠陥があるステップは一つしかない。それは、等式4から等式5を導き出したところだ。私たちは$a-b$で割るという計算をした。だが、よく考えてみよう。aもbも1に等しいのだから、$a-b=1-1=0$。私たちはゼロで割ってしまったのだ。それで、$1=0$というばかげた結果が出てしまったのである。ここからは、真偽にかかわらず、どんな言明も証明できる。数学の枠組み全体が私たちの目の前で爆発してしまった。

誤った使い方をすると論理を破壊してしまう力がゼロにはあるのだ。

付録B

黄金比

線分を二つに分け、長いほうの部分に対する短いほうの比が、全体に対する長いほうの部分の比に等しくなるようにする。話を簡単にするために、短いほうの部分の長さを一フィートとしよう。

短いほうの部分の長さが一フィートで、長いほうの部分がxフィートなら、線分全体の長さは当然$1+x$フィートである。長いほうの部分に対する短いほうの長さの比は、

$$1/x$$

一方、全体に対する長いほうの部分の比は

$x/(1+x)$

長いほうの部分に対する短いほうの比は、全体に対する長いほうの部分の比に等しいのだから、

$x/(1+x)=1/x$

この方程式を解いてx、つまり黄金比を求めたい。最初のステップは、両辺にxを掛けることだ。すると、

$x^2/(1+x)=1$

さらに（$1+x$）を掛けると、

$x^2=1+x$

両辺から$1+x$を引くと、

$$x^2-x-1=0$$

これで、この2次方程式を解くことができる。そうして得られる二つの解は、

$$(1+\sqrt{5})/2 \text{ および } (1-\sqrt{5})/2$$

最初の答えの値は1.618で、こちらだけが正であり、したがってギリシア人にとって意味をなす答えはこちらだけだった。よって、黄金比は約1.618だ。

付録C

現代の導関数の定義

今日、導関数にはしっかりした論理的な根拠がある。極限の概念によって定義されているからだ。関数$f(x)$の導関数$f'(x)$の正式な定義は、

$$f'(x) = \frac{f(x+\varepsilon)-f(x)}{\varepsilon}\text{の極限}$$

（εは0に近づく）

これによってニュートンのごまかしがどのように取り除かれるかを見るために、ニュートンの流率を示すのに用いたのと同じ関数$f(x)=x^2+x+1$を見よう。この関数の導関数は、

$$f'(x)=\frac{(x+\varepsilon)^2+x+\varepsilon+1-(x^2+x+1)}{\varepsilon}\text{の極限}$$

（εは0に近づく）

展開すると、

$$f'(x)=\frac{x^2+2\varepsilon x+\varepsilon^2+x+\varepsilon+1-x^2-x-1}{\varepsilon}\text{の極限}$$

（εは0に近づく）

x^2は$-x^2$、xは$-x$、1は-1と相殺するから、結局、

$$f'(x)=\frac{2\varepsilon x+\varepsilon+\varepsilon^2}{\varepsilon}\text{の極限}$$

（εは0に近づく）

私たちはまだ極限を求めていないから、εはけっしてゼロではない。そこで、εで約分すると、

$$f'(x) = 2x + 1 + \varepsilon \text{の極限}$$
（εは0に近づく）

ここで、はじめて極限を求め、εをゼロに近づけると、

$$f'(x) = 2x + 1 + 0 = 2x + 1$$

これが、私たちの求めていた答えだ。
考え方のちょっとした変更だが、これが大きな違いをもたらす。

付録D

カントール、有理数を数える

有理数の集合は自然数の集合と大きさが同じだということを示すために、カントールがしなければならなかったのは、うまい席順を考えつくことだけだった。カントールはまさにそれをやったのだ。

覚えておいでかもしれないが、有理数とは、何らかの整数a、bに対してa/bの形で表せる数のことである（もちろん、bはゼロでない数だ）。手始めに正の有理数を考えよう。

デカルト座標系のような、ゼロで交差する二本の数直線を考える。ゼロを原点におこう。そして、他のすべての点を、その点のx座標x、y座標yに対してx/yの形で表せる有理数と結びつける。一本の数直線は無限大に向かって延びているから、正のxとyの組み合わせ一つ一つについて、座標系上の一点が対応している（図58）。

図58　有理数の数え上げ

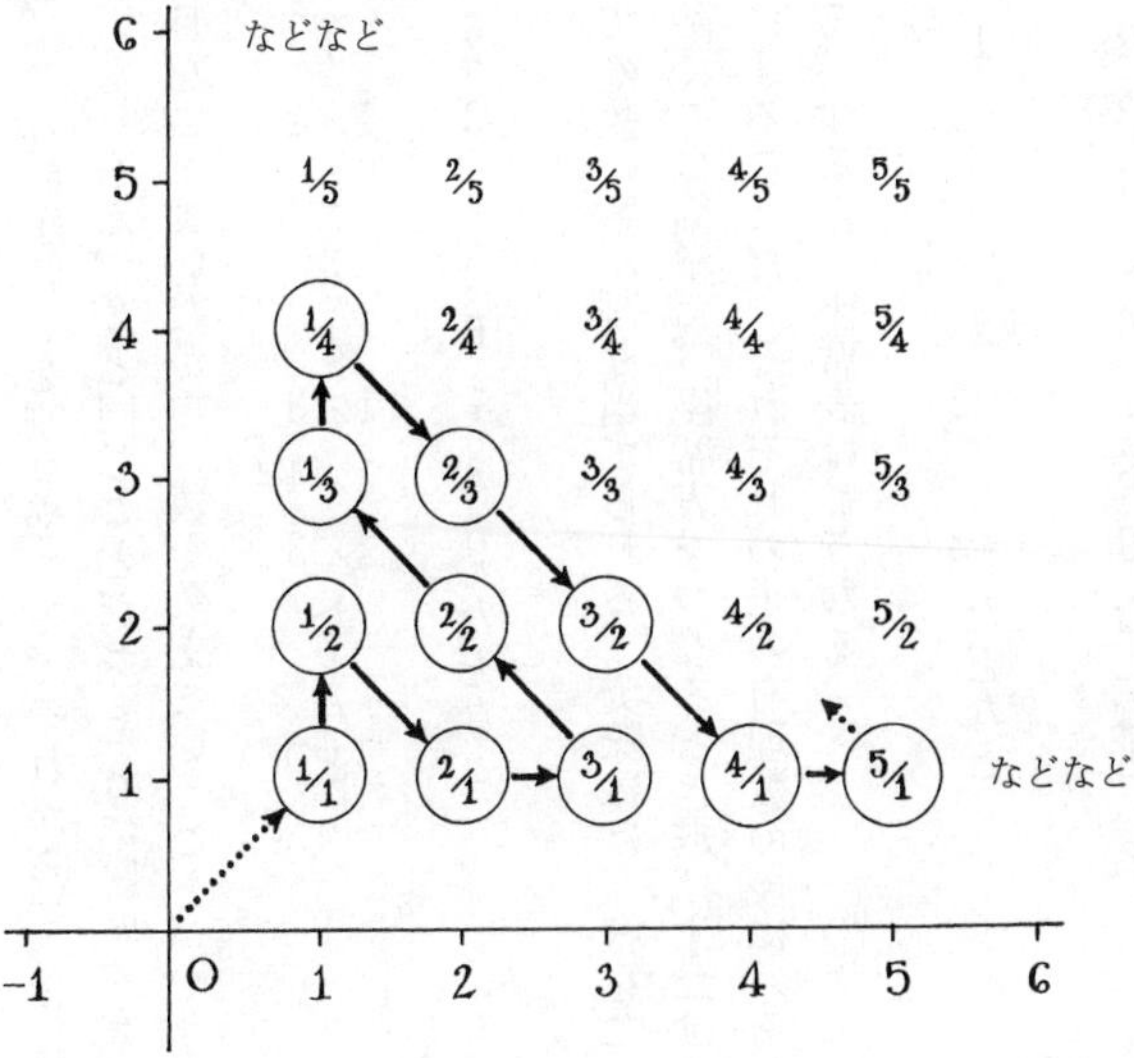

それでは、正の有理数について座席表をつくろう。まず座席1は0に割り当てる。次に1/1に進む。これに座席2を割り当てる。それから1/2に移る。これに座席3を。それから、2/1(もちろん、2と同じことだ)。これに座席4を。それから3/1。これに座席5を。碁盤目をさまよいながら、数を数えていくことができる。こうして座席表ができる。

座席	有理数
1	0
2	1
3	1/2
4	2
5	3
6	1
7	1/3
8	1/4
9	2/3
などなど	などなど

やがてすべての数に席が割り当てられる。実際には、席を二つ割り当てられるものもある。重複を取り除くのは簡単だ。座席表をつくるとき飛ばすだけでいい。次にやるべき作業は、リストを倍にすることだ。それぞれの正の有理数の後に、それに対応する負の有理数を加えるのである。すると、座席表はこうなる。

座席	有理数
1	0
2	1
3	−1
4	1/2
5	−1/2
6	2
7	−2
8	3
9	−3
などなど	などなど

これで、すべての有理数――正の有理数、負の有理数、ゼロ――に座席が割り当てられた。立ったままの者はいないし、どの席も空いていないから、有理数の集合は、ものの数を数えるのに使う数、つまり正の整数の集合と大きさが同じだということだ。

付録E

図59

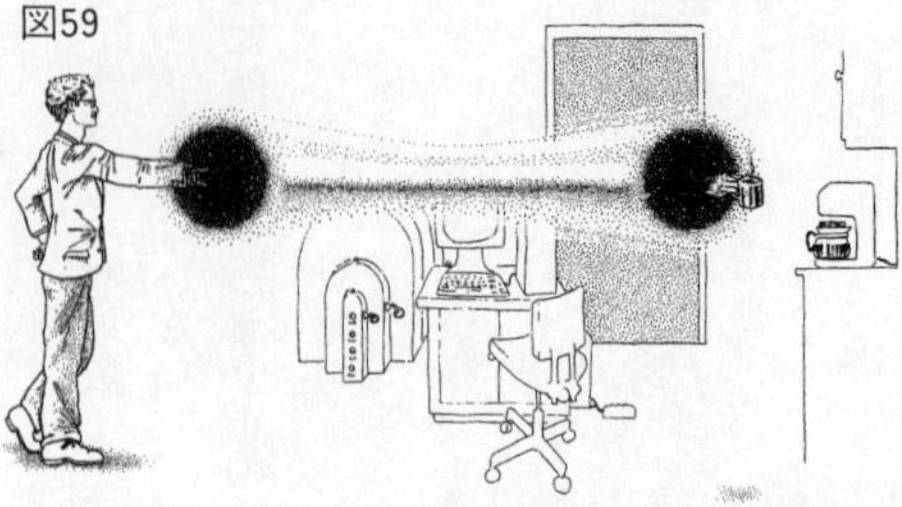

自家製ワームホールタイムマシンをつくろう

簡単だ。以下の四つのステップをおこなうだけでいい。

ステップ1：小さなワームホールをつくる。両端は同じ時点にある（図59）。

ステップ2：ワームホールの一方の端を何かたいへん重いものに、もう一方の端を光の速さの九〇％で飛んでいる宇宙船につなぐ。宇宙船の一年は地球上の二・三年に相当する。ワームホールの両端の時計はそれぞ

図60

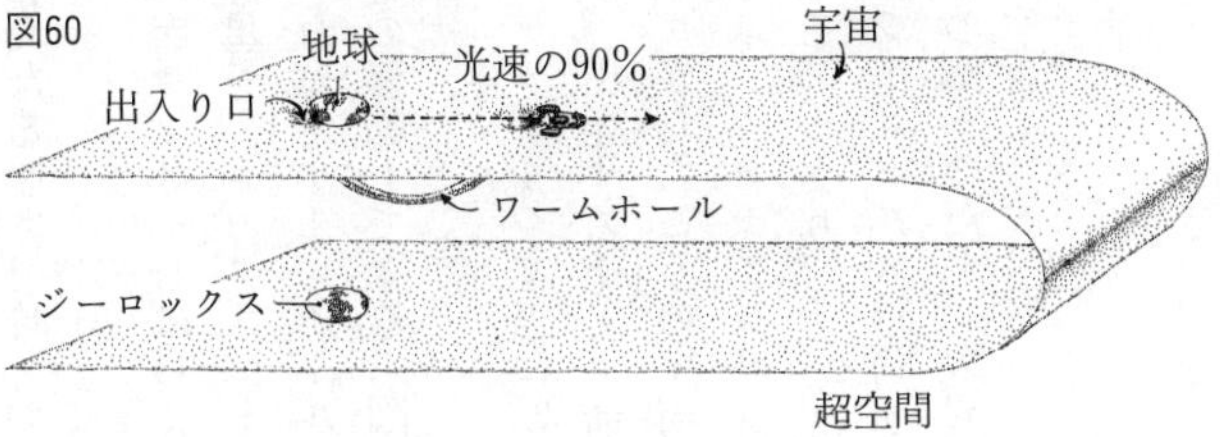
地球
光速の90%
宇宙
出入り口
ワームホール
ジーロックス
超空間

図61

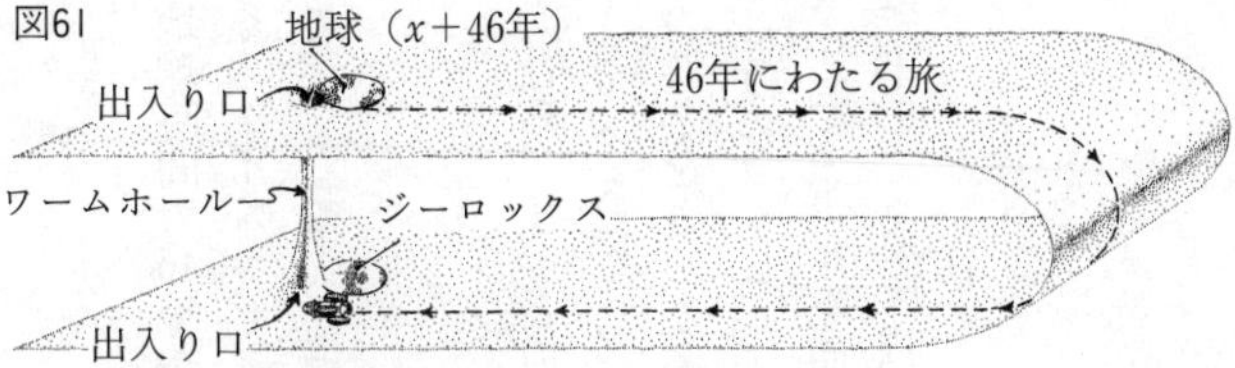
地球（x＋46年）
出入り口
46年にわたる旅
ワームホール
ジーロックス
出入り口

図62

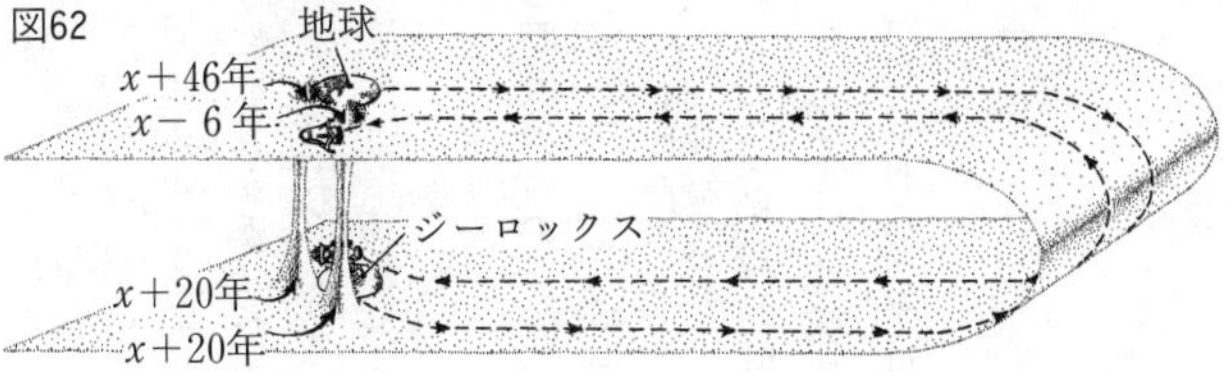
地球
x＋46年
x－6年
ジーロックス
x＋20年
x＋20年

れ異なる速さで時を刻む（図60）。

ステップ3：しばらく待つ。地球時間で46年かけて、ワームホールのむこう端を友好的な惑星ジーロックスにもっていく。タイムマシンづくりに取りかかったのがx年のことだとすれば、ワームホールを通って、x＋46年の地球からx＋20年のジーロックスに行けるし、逆の移動もできる（図61）。

ステップ4：本当に頭のいい人なら、ずっと前にこの時間旅行の計画を立てはじめるだろう。出発するずっと前にジーロックスにメッセージを送り、x－26年（ジーロックス時間）からむこうの宇宙船に逆のことをさせる手配をしておけばいい。そうすれば、x＋20年（ジーロックス時間）のむこうのワームホールでx－6年（地球時間）の地球に移動できる。つまり、この2つのワームホールを使えば、x＋46年（地球時間）からx＋20年（ジーロックス時間）、さらにx－6年（地球時間）に飛び移れる。半世紀以上も時間をさかのぼるのだ！（図62）

訳者あとがき

本書は、Charles Seife, *ZERO : The Biography of a Dangerous Idea* の全訳である。

1の前にくる数であるにもかかわらず、コンピューターのキーボードや電話機では9のあとに押しやられているゼロ。ゼロという数を主題とする本は皆無ではない（たとえば、訳者も中学時代に読まされた日本の古典的名著『零の発見』がある）が、あまり多くはないようだ。それも当然のように思える。ゼロは、存在しないものの量にすぎない。しかし、ゼロが単独で方程式の右辺をなし、座標平面の中心をなす原点の座標をなしていることを考えると、重要な数であるようにも見える。

この本は、まさにゼロという数がもつ意味と、そこに秘められた力を、そしてゼロと無、および、その「双子のきょうだい」である無限（大）が、人類の文明、文化、思考の土台をどのように転換させてきたかを明らかにしようとするものだ。

本書の内容のあらましは、著者自身が序章にあたる第0章で述べている。本全体を貫くテーマは、ゼロと無および無限だが、扱われる分野は数学、哲学、宗教、美術、物理学、化学と多様で、話題は実に多岐にわたる。世界各地の古代文明が編み出した数体系と、無に対して抱いた恐れ。ゼロの発見を妨げたギリシアの数哲学。その一方、ゼロが東洋でいかにして生まれ、いかにしてヨーロッパに入ってきたか。教会はなぜゼロを異端視したのか。キリスト教哲学の土台をなすギリシアの思考と聖書の思考の間にある、無と無限をめぐる対立に神学者たちはどう対処したか。神秘主義者たちはどうしてゼロにとりつかれたのか。最終的にヨーロッパでどのようにゼロが受け入れられていったのか。微積分が考えだされたとき、それがゼロをめぐるどんな論理の飛躍を抱えていたか。そして、極限の概念によって、この問題がどのように解決したか（また、この概念によってゼノンのパラドクスがどのように解けるか）。さらに、ゼロが熱力学、相対性理論、量子力学でどのような形をとって現れ、現代物理学をどのようにおびやかしてきたか。

著者は、ブラックホール、真空のエネルギー、万有の理論の探究をめぐる論争の核心にあるゼロ、物質の基本要素を〇次元の粒子から一次元のひもに転換して、相対性理論と量子力学から生じる無限大を解消する、ひも理論を論じ、最後に宇宙のはじまりと終わりの問題に触れる。

世の中にゼロという数に強い興味をいだいている人がどれだけいるのかは定かではない

が、さまざまな人物像とエピソードを織りまぜながら、無と無限をめぐって数学、科学、哲学、またその歴史に関するいろいろな話題を俯瞰的に取り上げた読み物として、ゼロマニアでなくても楽しめる本である。

原書は読者におおむね好評だ（とりわけゼロの歴史の叙述と微積分の発展に関する記述は明解だと評価されているようである）。各紙誌の書評でも賛辞を得ている。また、『フェルマーの最終定理』、『暗号解読』など、優れたノンフィクションで日本でも絶大な支持を得ているサイエンス・ライターのサイモン・シンが自身のホームページで、科学・数学分野の名著の一冊に本書を挙げている。

著者チャールズ・サイフェは、イェール大学で数学の修士号を取得したサイエンス・ライターで、科学誌を中心に多くの雑誌に寄稿している。本書につづいて、二〇〇三年夏には *Alpha and Omega: The Search for the Beginning and End of the Universe* という作品を出版している。こちらは、副題が示すとおり、宇宙のはじまりと終わりをテーマにした本であり、やはり、科学の究極の問題をなめらかな語り口で論じ、おおいに好評を博している。

なお、この翻訳の底本であるハードカバー版は、一九九九年に書かれたもので、この年の大晦日のことを、また当然、その次の大晦日のことも未来として語っているくだりがあるが、そのまま訳した。この二つの大晦日をグリニッジ天文台の人々はどう過ごしたのだろうか（第2章参照）。

二〇〇三年九月

（二〇〇三年に早川書房より刊行された単行本版の訳者あとがきを再録したものです。）

本書は、二〇〇三年一〇月に早川書房より単行本
として刊行された作品を文庫化したものです。

数学は科学の女王にして奴隷

Ⅰ 天才数学者はいかに考えたか
Ⅱ 科学の下働きもまた楽しからずや

E・T・ベル
河野繁雄訳

「科学の女王」と称揚される数学は、先端科学の解決手段として利用される「奴隷」でもある。名数学史『数学をつくった人びと』の著者が、数学上重要なアイデアの面白さと、それが科学にどう応用されたかについて、その発明者たちのエピソードを交えつつ綴ったもうひとつの数学史。

解説 Ⅰ巻・中村義作 Ⅱ巻・吉永良正

ハヤカワ・ノンフィクション文庫
《数理を愉しむ》シリーズ

訳者略歴　1967年千葉県生　東京大学経済学部卒　訳書に『宇宙を復号する』サイフェ『史上最大の発明アルゴリズム』バーリンスキ（以上早川書房刊）『エレガントな宇宙』グリーン（共訳）他多数

HM=Hayakawa Mystery
SF=Science Fiction
JA=Japanese Author
NV=Novel
NF=Nonfiction
FT=Fantasy

〈数理を愉しむ〉シリーズ

異端《いたん》の数《かず》ゼロ

数学・物理学が恐れるもっとも危険な概念

〈NF349〉

二〇〇九年五月十五日　発行
二〇一二年五月十五日　七刷

（定価はカバーに表示してあります）

著者　チャールズ・サイフェ
訳者　林《はやし》　大《まさる》
発行者　早川　浩
発行所　株式会社　早川書房

郵便番号　一〇一‐〇〇四六
東京都千代田区神田多町二ノ二
電話　〇三‐三二五二‐三一一一（大代表）
振替　〇〇一六〇‐三‐四七七九九
http://www.hayakawa-online.co.jp

乱丁・落丁本は小社制作部宛お送り下さい。送料小社負担にてお取りかえいたします。

印刷・中央精版印刷株式会社　製本・株式会社フォーネット社
Printed and bound in Japan
ISBN978-4-15-050349-9 C0140

本書は活字が大きく読みやすい〈トールサイズ〉です。